从巴黎到卡托维兹

全球气候治理的统一和分裂

朱松丽 · 著

U0390328

清华大学出版社

北 京

内 容 简 介

2015 年《巴黎协定》达成之后，促进协定落地的实施细则磋商成为全球气候治理的重中之重。本书将基于《联合国气候变化框架公约》谈判进行二十多年的历史，选择从巴黎会议（2015年）到卡托维兹会议（2018 年）的磋商进程，阐述巴黎会议后全球气候治理背景所发生的重大变化、主要矛盾、实施细则成果，辩证分析气候治理的"统一"和"分裂"共同体，为中国继续建设性地参与、贡献和引领气候治理提供支撑。

版权所有，侵权必究。举报： 010-62782989，beiqinquan@tup.tsinghua.edu.cn。

图书在版编目（CIP）数据

从巴黎到卡托维兹：全球气候治理的统一和分裂/朱松丽著.—北京：清华大学出版社，2020.8（2021.11 重印）
ISBN 978-7-302-56124-8

Ⅰ.①从…　Ⅱ.①朱…　Ⅲ.①气候变化－治理－国际合作－研究　Ⅳ.①P467

中国版本图书馆 CIP 数据核字（2020）第 141344 号

责任编辑：张　莹
封面设计：傅瑞学
责任校对：王荣静
责任印制：宋　林

出版发行：清华大学出版社
　　　　网　　　址：http://www.tup.com.cn，http://www.wqbook.com
　　　　地　　　址：北京清华大学学研大厦 A 座　　　邮　　　编：100084
　　　　社 总 机：010-62770175　　　　　　　　邮　　　购：010-62786544
　　　　投稿与读者服务：010-62776969，c-service@tup.tsinghua.edu.cn
　　　　质量反馈：010-62772015，zhiliang@tup.tsinghua.edu.cn
印 装 者：涿州市京南印刷厂
经　　销：全国新华书店
开　　本：170mm×240mm　　印　张：9.75　　　字　　数：169 千字
版　　次：2020 年 9 月第 1 版　　　　　　　印　　次：2021 年 11 月第 2 次印刷
定　　价：65.00 元

产品编号：084333-01

序　言

在科技飞速发展的当下,全球治理的内容和形式正发生巨大变化。气候变化作为全球治理的重要内容,其成败关乎人类命运。与应对气候变化相关的碳减排责任分担和权益分配,已经成为今后国际制度安排的焦点问题,对国际社会经济产生重大影响。

1990年关于气候公约的政府间谈判委员会(INC)的成立,标志着正式开启了应对气候变化的政治进程,到目前为止联合国气候谈判已经持续了近三十年。2015年达成的《巴黎协定》,开拓了一种新型的全球气候治理模式,在确定长期目标、平衡"自上而下"与"自下而上"机制和动态评估方面具有重要的开创意义。《巴黎协定》不是气候谈判的终点,而是全球强化应对气候变化行动这一新的动态进程的起点。《巴黎协定》在确立应对气候变化的宗旨、长期目标和框架性制度安排的同时也给出了一系列留待解决的后续任务,包括制订实施细则,细化相应规则、制度和指南等。为了2020年以后开启全面实施《巴黎协定》新阶段,国际社会需要加速完成协定实施细则遗留问题的谈判。

气候谈判是当前国际政治、经济、贸易、技术和排放格局的体现,自然也会受到国际政治经济形势的影响。巴黎气候大会之后,全球特别是欧美发达国家掀起了新一轮"反全球化"浪潮,保护主义、孤立主义、民粹主义以及能源民粹主义等开始抬头。美国的特朗普政府宣布退出《巴黎协定》更是造成全球气候治理出现"领导力赤字"。在全球化遭遇"逆流"的背景下,国际应对气候变化的势头有所减弱,气候变化议题重要性降低,发达国家与发展中国家分歧重新显现,合作氛围淡化。全球气候治理的进一步发展面临一定的不确定性。

在不确定的国际形势下,中国积极参与国际气候谈判多边进程,发挥了越来越重要的作用,影响力不断上升。中国的大国担当和主动有为是成功达成《巴黎协定》的重要条件,也是巴黎气候大会后维护国际气候多边进程的重要支撑。国际承诺是国内行动的外部推动力，国内行动则是国际承诺的底气。中国政府高度重视统筹国内国外两个大局，内外结合，加快国内应对气候变化工作进展，并将应对气候变化作为促进国内发展转型的重要抓手，以国内行动支撑国际承诺的履行。除了积极建设性参与国际气候多边进程，中国自身采取的强有力的应对气候变化行动，本身就对全球应对气候变化做出了巨大贡献。2018 年中国单位国内生产总值二氧化碳排放比 2005 年累计下降 45.8%，相当于减排 52.6 亿吨二氧化碳，提前两年实现了 2009 年哥本哈根气候大会承诺的目标上限。

由国家发展和改革委员会能源研究所朱松丽副研究员牵头的研究团队，在过去几年积极投身于全球气候治理的研究和政策咨询工作。他们持续密切跟踪气候谈判进程，深入谈判现场关注谈判细节，感受谈判过程中的多边博弈和微妙平衡，并参与了部分多边和双边气候外交的技术支持工作。继承上一本专著《从哥本哈根到巴黎：国际气候制度的变迁和发展》，朱松丽同志保持理论联系实际的学风，跟踪并深入分析了 2016 年以来历次气候公约缔约方大会所面临的新形势和背景、场内场外的会议进程以及谈判成果，形成了本书的主要内容。这个研究是对中国积极深入参与全球气候治理历史进程的见证。

尽管本书的论述因为时间限制还略显仓促，但它的视野开阔，从国际气候谈判延伸到全球气候治理，并结合当前国际政治、经济、贸易、技术格局变化，把应对气候变化问题纳入了全球治理转型这一宏大背景下，体现了作者的时代感和敏锐性。

未来 30 年，中国要实现全面建成社会主义现代化强国的战略目标，最重要的标志之一就是我们的生态环境质量要得到彻底改善，并进入世界先进水平行列。中国若要引领全球气候治理取得进一步成效，并在更广与更深的层面上塑造对全球治理的影响力，就需要着力加强应对气候变化决策的智力支持，从规模、质量和结构等方面，为未来更深入地参与全球治理做好人才储备。希望有更多专家学者投身于这一有广阔前景的研究领域，为全球气候治理的发展和完善提供更多优秀的研究成果以及更加充分的智力支持。

是为序！

刘燕华

国务院参事

国家气候变化专家委员会主任

2020 年 3 月 8 日

前　言

　　2015 年 11—12 月,《联合国气候变化框架公约》第 21 次缔约方大会(简称巴黎会议)成功召开,顺利达成《巴黎协定》,标志着应对气候变化国际合作进入新阶段。巴黎会议后全球治理以及全球气候治理进入了一个喜忧参半的阶段。喜的是协定签署和多数缔约方国内批约过程顺利,促成协定在 2016 年 11 月 4 日生效,成为生效最快的国际气候协议,进一步标志着协定乃人心所向、大势所趋;同时实施细则的磋商也如期开展,并在 2018 年年底通过了卡托维兹实施细则一揽子安排。忧的是全球经济复苏苗头仍未明晰,"去全球化""逆全球化"现象却进入了一个集中爆发的时段,全球化浪潮暂时进入低谷,特别是美国经济、能源和气候变化政策的大幅度调整更给全球(气候)治理蒙上了阴影。2020 年第一季度爆发的全球新型冠状病毒疫情让世界经济备受打击,应对气候变化进程也受到阻滞。更让人担忧的是,气候变化进入了明显的加速期,自然系统面临崩溃的危险。当下复杂的国际环境更突出了分析和研判全球气候治理走向的重要性。

　　本书为 2017 年年初出版的《从哥本哈根到巴黎:国际气候制度的变迁和发展》的续作。需要对气候治理及其制度安排进行背景性了解的读者,请参阅前作。基于前作,本书根据新形势对《巴黎协定》关键内容进行再解读,重点分析《巴黎协定》本身所固有的弱点和面临的挑战以及巴黎会议后全球气候治理需要解决的重大问题(第一章);结合 2016 年以来公约内外、主要国家行为体、非国家行为体的气候政治和政策发展动向——特别是美国气候和能源政策的突变——分析全球气候治理的特征和面临的挑战,揭示了气候治理面临分裂的走向(第二章)。同时,作者按照时间序列为读者呈现了《巴黎协定》实施细则的磋商进程,深入分析每一次缔约方大会所面临的新的形势和背景、场内场外的会议进程以及谈判成果，显示了公约框架内气候治理体系和规则进一步走向"统一"的趋势和公约长期"高案"目标背后的分裂态势(第三章)。最后，本书还将对中国积极参与全球气候治理的溢出效应进行分析(第四章)，继续推动中国在全球气候治理中从参与者、贡献者再到引领者的角色转换。

目　录

第一章

《巴黎协定》主要内容解读和面临的挑战

第一节 《巴黎协定》主要内容解读

《巴黎协定》(以下简称协定)是全球气候治理自 1994 年正式启动、历经高峰 (如 1997 年的《京都议定书》)和低谷(如 2009 年无功而返的哥本哈根会议)之后的 一份弥足珍贵的全球协议。协定涵盖了减缓、适应、资金、技术、能力建设、透明度 等各要素,对各缔约方在 2020 年后如何落实和强化公约的实施提出了框架性规 定。国际社会普遍认为这是一个全面平衡、持久有效、具有法律约束力的气候变化 国际协议,为 2020 年后全球合作应对气候变化指明了方向和目标,是人类应对气 候变化的又一个里程碑。**与《联合国气候变化框架公约》(以下简称公约)自 1992 年 达成以来的实践相比,协定既保持了一贯性和连续性,又体现了制度的变迁和发 展,对 2020 年后全球气候治理提出了新的要求。**

一、协定体现了国际气候制度的发展和变迁

1. 国际气候制度原则的发展和变迁

公约所确定的"共同但有区别的责任和各自能力"原则是气候变化全球治理的 根本原则,也是气候变化全球治理不同于其他国际问题的最显著特征。协定在前 言部分开宗明义表明遵循公约原则,包括公平、共同但有区别的责任和各自能力原 则,并在协定目标的第二条中明确指出"本协定的执行将体现公平以及共同但有区 别的责任和各自能力原则,并参照各自国情"。新增的"国情"一词来自 2014 年签 订的《中美应对气候变化联合申明》,反映了两国在这个关键问题上的相互妥协,得 到了其他缔约方的认可,同时也让原则的解读变得更加灵活。[①]

在第四条关于国家自主贡献的规定中,也明确指出各缔约方的国家自主贡献

---

① 朱松丽. 利马会议成果解读[J]. 中国能源,2015,37(1):10-13.

(NDC)应当"反映其共同但有区别的责任和各自能力以及国情";后续关于减缓、适应、资金、技术、能力建设和透明度的条款中,都不同程度反映了发达国家与发展中国家的区分。因此可以说,协定延续了公约的原则,并在公约原则的指导下,对全球各国应对气候变化的行动与合作进行了规定。但与公约和《京都议定书》(以下简称《议定书》)所不同的是,协定并没有按照公约的模式对缔约方进行附件一和非附件一的二分法分类,这也说明公约所建立的全球气候治理体系正在发生变迁。

2. 国际气候制度规则的变迁和发展

(1) 全球气候治理目标的变迁

公约、《议定书》、"巴厘行动计划"和协定都有关于全球气候治理目标的规定。公约第二条要求"将大气中温室气体的浓度稳定在防止气候系统受到危险的人为干扰的水平上。这一水平应当在足以使生态系统能够自然地适应气候变化、确保粮食生产免受威胁并使经济发展能够可持续地进行的时间范围内实现。"这一目标涵盖了减缓和适应两个方面,但并未给出量化的指导。

《议定书》的最大特征是在公约目标的宏观指导下,为发达国家规定了量化的阶段性温室气体减排或限排目标,但并未对适应行动提出任何目标,也没有给发展中国家制定任何的量化减限排目标。《议定书》所规定的阶段性目标随着其承诺期的延续而更新。

"巴厘行动计划"为解决非《议定书》缔约方的发达国家和所有发展中国家在公约下共同行动目标的问题,设立了"长期合作行动共同愿景"议题;各方最终在2012年多哈决议中表示,要"使与工业化前水平相比的全球平均气温上升幅度维持在2℃以下,并争取尽早实现全球温室气体排放峰值",并且发展中国家应当得到资金、技术转让和能力建设支持。实际上,"2℃目标"的提出最早见于2009年第一次"经济大国能源与气候论坛首脑会议",并写入了当年的"哥本哈根协议"。由于"哥本哈根协议"没有得到公约缔约方的一致认可,不具有法律效力,因此后来又在2010年的《坎昆协议》中正式认可这一目标。与公约目标相比,"巴厘行动计划"没有对全球适应气候变化问题提出进一步的行动目标,但概要性地指出发展中国家实现应对气候变化的目标需要得到支持。

协定则在公约和"巴厘行动计划"的基础上,正式将减缓、适应、资金支持作为并列的应对气候变化全球合作目标。其中进一步表示要"把全球平均气温升幅控制在显著低于(well below)工业化前水平2℃之内,并努力将气温升幅限制在工业化前水平 1.5℃内"。这也是"1.5℃标"首次成为全球共识,展现了国际社会对全球气候治理力度的期待。基于这些表述,协定所确定的长期目标应该在 1.5℃~2℃之间,既不是 2℃,也不是 1.5℃,比《坎昆协议》更明确严格,但也没有激进到非1.5℃不可。或者可以说 1.5℃是一个"高案"目标。同时,协定还首次明确要"使资金流动符合温室气体低排放和气候适应型发展的路径",这为实现全球减缓与适应目标提供了努力的方向,也体现了近年来在绿色金融等国际治理议题方面的进展。

(2)减缓合作模式的变迁

全球气候治理是一个综合性的问题,相关国际气候谈判总是强调要平衡处理减缓、适应、支持、透明度、法律形式等各个要素,但是毋庸置疑,全球减缓合作是其中的重中之重。

公约对缔约方的减缓责任仅进行了原则性规定。公约第四条规定了所有缔约方都应当制订、执行、公布和经常地更新国家减缓措施,并且要求发达国家带头减缓气候变化,发展中国家在考虑经济和社会发展、消除贫困以及发达国家有关资金和技术转让的前提下履行减缓义务。

《议定书》则采取一种"自上而下"的方式,为发达国家缔约方规定了具有约束力的减排目标和时间表,而对发展中国家则没有规定量化的减排目标。

"巴厘行动计划"的谈判,通过"哥本哈根协议——坎昆协议"开启了发达国家和发展中国家共同"自下而上"作出减缓许诺的新规则。根据这一规定,除土耳其外的公约全部 42 个发达国家缔约方和哈萨克斯坦,作为附件一缔约方提交了 2020 年全经济范围量化减排目标许诺,其中欧盟所有成员国作为一个整体提交;152 个非附件一缔约方中,有 48 个缔约方提交了 2020 年国家适当减缓行动许诺(NAMAs)。尽管这一规则仍区分了发达国家的全经济范围量化减排目标及其行动和发展中国家的国家适当减缓行动的不同性质,但是从减缓目标的确定规则来看,已经趋同为"自下而上"的自主提出。

协定则进一步以国际条约的形式,确认了所有缔约方"自下而上"提出国家自主贡献的减缓合作模式,同时建立全球盘点(Global Stocktake)和循环审评机制(每五年进行一次盘点),以识别全球自主贡献与实现"2℃或 1.5℃目标"之间的差距,并鼓励各国提高减排力度以弥补可能的差距。协定与《坎昆协议》相比,除了其法律效力更强外,还进一步确认了发达国家应提出全经济范围绝对量化减排目标,并且发展中国家也应当逐渐提出这种形式的目标。这一方面强化了全球减缓合作的法律基础;另一方面也在技术上更加有利于汇总分析全球减缓合作的力度与识别差距。

(3)气候治理资金支持模式的变迁

协定首次将全球气候治理的资金与减缓、适应并列为行动目标,但与公约所不同的是,协定将公约、《议定书》、"巴厘行动计划"中发达国家向发展中国家提供资金支持,演变成了所有国家都要考虑应对气候变化的资金流动,一方面模糊了资金支持对象;另一方面也将各国国内的资金流动纳入了考虑。

与此同时,协定还扩展了资金支持的提供主体。公约第四条第3款规定,列入公约附件二的发达国家缔约方应当为发展中国家提供应对气候变化的资金支持。《议定书》第十一条第2款,以及"巴厘行动计划"下历次会议决议都延续了这一规定。《协定书》第九条第1款也延续了这一规定,但将提供支持的主体扩展到了所有发达国家,而不仅仅是公约附件二所列的发达国家;同时公约第九条第2款鼓励其他缔约方自愿或继续向发展中国家提供资金支持。这是全球气候治理进程中,首次对发展中国家提出提供资金支持的规定,尽管这只是自愿性的行动。

(4)全球气候治理透明度机制的变迁

透明度(transparency)是全球气候治理中最具有内容交叉性和技术复杂性的要素,也是各方落实协定、建立互信、确保整体力度的基础。从公约到协定,全球气候治理透明度机制表现出显著的演进和完善,并在公约、《议定书》和《坎昆协议》的基础上逐步加强。

公约第四条和第十二条对缔约方提出了报告履行信息的原则性要求,第十条建立了附属履行机构,对附件一缔约方报告的信息进行审评,并陆续通过一系列缔约方会议决议确立了测量、报告、核实的具体规则。其中发达国家承担温室气体清单和国家信息通报的报告与审评义务,而发展中国家只需提供国家信息通报,并且这一报告义务是以获得发达国家的资金支持为前提。

由于《议定书》只对发达国家设定了强制性减排义务,因此相对于公约下发达国家已经承担的报告与审评义务,《议定书》第五、七、八条只是进一步规定了发达国家在《议定书》体系下承担的测量、报告与核实要求。

"巴厘行动计划"谈判达成的历次决议,对发达国家的透明度提出了更高的要求,并且对发展中国家也建立起了相对完整的透明度规则。这些规则集中表现在发达国家承担"双年报告"和"国际评估与审评",而发展中国家承担"双年更新报告"和"国际磋商与分析",两者在目的、性质、程序和内容上都有不同,但总的来说,发达国家和发展中国家在透明度方面的要求均在逐步加强,并且透明度的框架安排也在逐渐趋同。

协定基于公约框架下二十余年来的实践,在为发展中国家提供必要灵活性、向发展中国家提供履约和相应能力建设支持的基础上,强化了对各国的透明度统一要求。这些要求主要表现在三个方面:一是各国都需要定期报告全面的行动与支持信息;二是各国都要接受国际专家组审评,并参与国际多边信息交流;三是专家组将对各国如何改进信息报告提出建议,同时分析提出发展中国家的能力建设需求。卡托维兹实施细则进一步细化了这些要求,具体内容参见本书第三章第五节。总体而言,全球气候治理的透明度机制在保持发展中国家灵活性的同时又正向着通用规则演进。

(5) 全球气候治理法律约束力的变迁

公约是全球气候治理的第一个里程碑,它不仅明确了全球应对气候变化的目标,确立了全球气候治理所遵循的原则,也规定了各国作为缔约方的责任与义务。然而公约既没有为缔约方规定量化的责任,也没有建立起遵约机制,这导致缔约方在公约下的履约行为不受控制,完全处于"革命靠自觉"的状态,不利于反映全球的行动努力,难以跟踪和判断人类社会应对气候变化这一全球性问题的进展,更无法确认公约确定的目标达成与否。

《议定书》是第二个里程碑。正是考虑到公约的上述不足,《议定书》建立起了"自上而下"的量化减排目标设定、透明度、核算、遵约规则,这使得受约束的缔约方得以采用同样的规则来衡量各自努力的进展。然而这些规则一方面只约束发达国家缔约方,无法公平地将尚需较长时间去发展社会水平、增加温室气体排放的发展中国家纳入规则框架;另一方面在实际操作中也难以真正对不履约、履约进展缓慢的缔约方采取强制措施来促进其遵约,因此《议定书》尝试建立的强制性多边环境治理机制虽然具有里程碑意义,但其实施过程在很大程度上仍依赖于受约束缔约方的自觉。

协定则是全球气候治理的第三个里程碑,不仅是因为这是第三个应对气候变化的全球性条约,也是因为协定建立起了一套"自下而上"设定行动目标与"自上而下"的核算、透明度、遵约规则相结合的体系。"自下而上"设定行动目标有利于激发各国的积极性,根据国家的发展阶段、国家能力和历史责任,自主确定行动目标有助于实现应对气候变化行动的全球覆盖;而"自上而下"的核算、透明度、遵约规则,则确保了各国有一个通用的对话、行动进展跟踪的平台,从而有助于各国交流行动经验,开展评估与自我评估,促进提高行动力度,综合评估全球行动力度与进展。然而,协定建立的全球气候治理体系,仍然不具有较强的法律约束力,不可能迫使任何一个缔约方采取行动或强化行动。因此,即便协定建立了较强的透明度和遵约规则,但对缔约方的约束力将主要表现在程序性约束,而对于行动的内容,仍将依赖于缔约方的自主行为。

二、小结

以上的种种变迁和发展是对目前全球政治经济现实的客观反映,也是中近期的最合理选择。这种演变说明国际气候制度的发展不是直线型和单向的,而是有曲折、有迂回的。这种模式暂时放弃了"力度"硬性要求,更注重缔约方的全面参与,引导各国都参与低碳转型实践;同时通过"循环审评"机制,明确减排差距,提高紧迫性,通过类似"绿色俱乐部"、各种公约外机制、非国家行为体的活动,多方面发掘减排潜力,最终在全球形成绿色发展的氛围,推动减排成为一种"自觉"行为。

第二节 《巴黎协定》本身所固有的弱点和面临的挑战

一、精妙平衡带来进一步磋商难度

作为一个面面俱到、得到 190 多个缔约方认可的协定,它的平衡是惊心动魄的,后续实施细则谈判中偏重任何一点都可能加剧协定落地的难度。选择性和建设性模糊也将带来重新解读协定的可能性。

首先,协定实现了参与度和力度之间的微妙平衡。从参与度上看,协定做到了史无前例的广泛参与;从力度上看,京都模式被取代,力度有所损害,但协定不仅再次肯定了 2℃这个长期目标,还出人意料地纳入"努力追求"1.5℃目标的表述,要求全球在 21 世纪下半叶实现人为温室气体源与汇的平衡。同时,全球盘点和循环审评也是提高力度的方式。相比《议定书》,协定为了追求"全面参与",减缓模式有所退化，力度也受到了损害，但整个逻辑主线是合理清晰的。总体而言，协定是"大而弱"的。面对气候变化的紧迫性，提高力度是协定通过之后首先面临的重任。

其次，协定保持了灵活性和约束力之间的平衡。为保证参与度，协定体现了最大程度的灵活性。不具有硬约束的"应当"（should）一词多次出现，而在《议定书》中，该词只出现了一次。特别重要的是，虽然协定硬性要求各缔约方按期提交NDC，但对其内容却没有做强制性要求，充分体现"国家自主"原则。同时，在规则和程序方面，这个模式具有约束力，例如各缔约方都必须定期提交NDC、按照透明度规则报告进展接受审评等。约束对象的不同也直接影响到行动力度。

再次，协定也做到了各个要素之间的平衡。每个缔约方都得到了部分想要的东西，但不可能得到全部。例如，损失危害作为单独的章节列出，但同时也明确地将责任和赔偿除外；人权、代际公平、气候正义、健康权力等非传统气候概念被纳入前言中，但正文中并没有给予更多呼应；构建了强化2020年前行动的机制，但看上去多是一轮轮的清谈。同时，协定还第一次正式呼吁非国家主体的参与，将鼓励"非国家主体"参与真正落实下来。在后续谈判中，损失危害以及2020年前行动一直是发展中国家的强烈诉求。

最后，协定也做到了要素内部的平衡。例如，虽然建立了统一的透明度机制框架，但保持了灵活空间；资金筹措的范围有可能扩大，但发达国家的义务仍有强制性，而其他国家属于被鼓励的行列，具有可选性，满足了新兴国家的关切。

从2016年COP22（见本书第三章第二节）正式开展的协定实施细则谈判中可以看到，如何理解NDC、全球盘点如何进行、损失危害的定位、如何提高2020年前后减缓和支持力度等是细则磋商的难点，这些正是巴黎会议上不得不"建设性"模糊处理的地方。

二、科学不确定性

虽然气候变化的事实以及人为因素为主的成因已经成为科学界广泛共识，但是，《巴黎协定》中的长期目标仍体现出了许多科学的不确定性，尤其是1.5℃目标的纳入更多体现了当时的政治压力。到底应采取1.5℃还是2℃目标作为最终的长期目标，需要基于不同温度的目标情境下全球可能出现的风险来做出决策。而在巴黎会议上，对于2℃与1.5℃未来情景之间差别的研究还十分有限，同时也存在着巨大的科学不确定性。

施卢斯纳等人综述了巴黎会议前后科学界针对 1.5℃ 与 2℃ 温升对不同领域影响的对比分析。[①] 从研究结果可以看到,在对全球极端天气、海平面上升、农业生产等方面的影响上,2℃ 均比 1.5℃ 显著造成了更大的伤害。其中一组气候模型表示,温升超过 10℃ 的严重气候影响的 50% 都将在 2℃ 时发生,但只有 20% 会在 1.5℃ 的时候发生。[②] 然而这些对比研究当时还是远远不足的。此外,1.5℃ 与 2℃ 情景下对未来的预测本身也充满不确定性,部分研究的不确定性区间有的超过了 100%。

因此,若想为全球盘点以及长期目标的选取提供更有力的支持,协定还需要对 2℃ 以及 1.5℃ 目标进行进一步的探索,并给出不同温度条件下不同地区受到的影响。这对于一些非线性趋势的变化尤为重要。协定的目标是政治风险评估的结果,这很大程度上依赖于科学上对于未来情景的预测。因此,协定邀请政府间气候变化专门委员会(IPCC)就 1.5℃ 的影响及其对应的温室气体排放路径提交一份特别报告。

2018 年 10 月,IPCC 如约发布了《全球升温 1.5℃ 特别报告》。报告指出,与将全球变暖限制在 2℃ 相比,限制在 1.5℃ 对人类和自然生态系统有明显的益处,同时还可确保社会更加可持续和公平。这个报告在一定程度上填补了 1.5℃ 研究的空白,但排放路径看上去依赖过多的理想假设。一年之后(2019 年 8 月)发布的 IPCC 另一份特别报告《气候变化与陆地》(SCRCCL)指出,到 2016 年,陆地表面温升是全球平均温升的两倍,已经达到 1.53 ℃,几乎间接宣布了 1.5℃ 目标的失灵。同时有科学文献指出,即使未来不再新增一辆车一个家用电器,现在运行和在建中的基础设施(特别是热电厂)在其寿命期内的排放已经超过 1.5℃ 所要求的排放空间了,而且大约是 2℃ 空间的 2/3。[③] 因此,即使科学研究勉力弱化了关于 1.5℃ 和 2℃ 的不确定性问题,那么下面谈到的技术瓶颈也将让《巴黎协定》"高案"目标的实现路径充满疑惑。

---

① SCHLEUSSNER C, ROJELJ J, SCHAEFFER M, et al. Science and policy characteristics of the Paris Agreement temperature goal[J]. Nature Climate Change, 2016(6): 827-835.

② DRIJFHOUT S, BATHIANY S, BEAULIEU C, et al. Catalogue of abrupt shifts in Intergovernmental Panel on Climate Change climate models[J]. PNAS, 2015, 112 (43): 5777-5786.

③ TONG D, ZHANG Q, ZHENG Y, CALDERIA K, et al. Committed emissions from existing energy infrastructure jeopardize 1.5℃ climate target[J]. Nature, 2019(572): 373-377.

三、技术瓶颈

达成协定的长期减缓目标对减缓路径以及技术需求有直接的隐含要求，而有些被隐含要求的技术，从现在看来还不具备大规模使用的水平。其中最典型的例子即为生物质能（BE）与碳捕捉/埋存技术（CCS）相结合而形成的生物质能碳捕捉/埋存技术（BECCS）。

在当前预测模型的大多数的1.5℃与2℃的情景中，全球碳排放应在2020年达峰，并在21世纪下半叶达到全球的负碳排放。负碳排放是指一些部门与地区需要实现CO_2的负排放来弥补其他部门与地区的温室气体排放。[①] 然而，现在我们还不具备大规模开展负碳排放技术应用的可行性。目前科学界讨论较多的负碳排放技术主要指BECCS。在大多数预测模型中，上述两种技术由于其相对的成本潜力与能源平衡而被广泛使用。在上文提到的施卢斯纳等人的综述研究中，两种技术在全部最终达到负碳的情景中均被应用，大多数的情景同时还包含人工造林与森林恢复。这些模型中存在许多关键的不确定性：该技术推广应用的速度、这两项技术与农业效率提升之间的联系、未来对粮食的需求增长等。

克罗伊茨格等人的研究显示，在小于3℃温升情景中，到21世纪下半叶时，生物质能技术的应用就可能已经达到理论上能够可持续应用的极限量。[②] 现在将视线从BE转向CCS，在当前的NDC水平下，如果还想将全球温升控制在2℃以下，人们未来对于碳捕集与储存技术的应用需要是无比巨大的：假设从2030年人类开始规模化使用CCS技术，在2030—2050年期间，每年的碳捕集量需要增加10～100倍，并在2050年达到每年10Gt CO_2。[③] 这样算来，从2030—2050年，每年需要新装机85GW的碳捕集设备，这与2014年全球新装机的太阳能与风能设备的容量大致相同。

BECCS尽管在理论上可行，但是目前还未进行大规模使用的试验，而且可能由于公众接受度、与粮食生产在水与土地资源的竞争而在施行中困难重重。这也

---

① ROGELJ J, SCHAEFFER M, MEINSHAUSEN M, et al. Zero emission targets as long-term global goals for climate protection[J]. Environ Res Lett, 2015(10)：1-11.

② CREUTZIG F, RAVINDRANATH N H, BERNDES G, et al. Bioenergy and climate change mitigation: an assessment[J]. GCB Bioenergy, 2014(7)：916-944.

③ ROGELJ J, ELEZN M D, HÖHNE N, et al. Paris Agreement climate proposals need a boost to keep warming well below 2℃[J]. Nature, 2016(534)：631-639.

是 2018 年 800 名科学家联名上书欧洲议会,要求慎重对待生物质能的扩张性应用的原因。[①] 可见,由于当前人类的技术水平的限制,未来人类要实现协定的长期目标中的隐含要求——"零碳",还面临着巨大的挑战。

四、法律约束力遵约机制不足

与之前"自上而下"的《议定书》不同,协定采取了"自下而上"的国家自主贡献机制。虽然这种"自主贡献"的形式,打破了以往"强制配额"下全球气候谈判的僵局,使各国再次达成共识,但是,这种机制也存在着法律约束力弱与遵约机制不足的缺陷。《议定书》具有完备的遵约机制,未履行减排义务的国家将受到惩罚。在国家自主贡献机制下,国家需要每 5 年提交一次 NDC,并且新一轮的 NDC 相比于之前的要更富雄心,缔约方将通过"全球盘点"的方式来阶段性地评价达成协定目标的共同进展。第一次全球盘点将在 2023 年举行,之后每 5 年举行一次。2018 年5 月已经召开第一次"促进性"对话(见本书第三章第四节),以盘点共同努力以及距离长期目标的差距,并通知缔约方准备新一轮的 NDC。

从上面的机制可以看出,《巴黎协定》更多依靠的是国家的"自主"减排行为,它的成功依赖于各国对整个人类社会的负责态度。可以说,虽然协定铺设了一条通向成功的道路,但由于弱法律约束力与松散的遵约机制,其本身并不能保证世界减排目标会走向成功。

协定对于政治、经济、社会义务的非强制性要求要强于在法律责任上的规定,在这个机制下,如果技术的发展没有使减排成为新的增长点,那么让各国持续减排的最主要激励是"国际形象"。协定面临的最主要的挑战之一就是,除了设定"国家自主贡献"的机制并保证其正常运行,还需要建立良好的"减排"的国际环境,使"不减排"的名声损失大于"减排"的成本。

五、资金保障机制不足

协定由于法律约束力不足而导致的另一问题即为资金保障不足,而资金保障

---

① BEDDINGTON J, Berry S, CALDEIR K, et al. Letter from scientists to the EU Parliament regarding forest biomass[R/OL]. (2018-01-14)[2020-03-01]. http://www.pfpi.net/wp-content/uploads/2018/04/UPDATE-800-signatures_Scientist-Letter-on-EU-Forest-Biomass.pdf.

对于全球共同应对气候变化又至关重要。比如，从无条件目标向有条件目标的变化将促使 21 世纪末温升幅度降低 0.2℃[1]，而资金的支持是有条件目标达成的关键。无论是促进发展中国家 NDC 的实现还是其他气候变化行动的参与，发达国家提供的资金支持都是必不可少的。协定可以得到广大发展中国家认同的重要原因即是长期资金的承诺与对损失危害的认同，一旦资金缺乏了保障，来之不易的共识可能被再次打破。此外，在损失危害的条款中更明确申明"损失危害并不代表任何的责任与赔偿的依据"，更使得损失危害（实际上也是资金问题）成为细则磋商中的一个隐患。

因此，如何加强发达国家对于发展中国家资金支持的保障，一直都是全球气候治理面临的巨大挑战之一。

六、欠缺科学评估

协定这一较为松散的机制在 NDC 的核算方面暴露出了问题。由于各国提交的 NDC 没有统一的表达方式，其核算充满了困难与不确定性。一些国家提供了减排的区间而不是具体数字，一些国家的 NDC 言辞模糊，缺乏必要的细节，比如未阐明其覆盖的部门与温室气体类型、基准年份、土地利用的计算方法，也未指明减排的特定市场机制等。除此之外，一些自主贡献的提出是建立在附加条件上的，比如他国的资金或技术援助，使得进行全球统一核算难度更大。

而这一不确定性不但会导致对各国的实际努力的估计的偏差，更会导致对于全球未来政策评估的不确定性。罗格列等人的研究展示了 NDC 不确定性的范围，由于各国的 NDC 语言模糊，尽可能排列组合之后全球共有 144 种排放可能性，导致对于 2030 年碳排放的预测为 470 亿～630 亿吨 CO_2。[2]

在《议定书》下，一个国家的超额减排量可以用来与其他国家进行交易。虽然协定是基于自主减排的形式，但是这种机制的建立并非完全不可能。然而，由于 NDC 的核证问题没有解决，当前建立这种机制的条件还不具备。这也成为协定实施细则谈判中最棘手的问题（见本书第三章第四节）。

---

① ROGELJ J, FRICKO O, MEINSHAUSEN M, et al. Understanding the origin of Paris Agreement emission uncertainties[J]. Nature Communications, 2017(8)：1-12.

② ROGELJ J, FRICKO O, MEINSHAUSEN M, et al. Understanding the origin of Paris Agreement emission uncertainties[J]. Nature Communications, 2017(8)：1-12.

如何明确 NDC 是协定实施细则磋商最棘手的问题之一。不仅仅是存在前文所提及的政治难点(例如 NDC 的范围),对于 NDC 中减缓行动或目标的格式、核算也很难提出统一的要求。这是"自下而上"的减缓模式天然所具有的缺陷。

如何客观地评价一个国家的减排贡献也是一个问题。即使一个国家完成了自己的 NDC 目标,也不能认为该国在减排方面的贡献一定大于另一个未完成任务的国家。因为各国的 NDC 本身的雄心程度不同,而且各国自身的能力、对全球温室气体排放的贡献也不同,在减排方面应该承担的责任也有区别。对于一些"当前政策"情景排放比"NDC"排放多的国家,可能是由于提出的目标过于富有雄心,也可能是由于国内实际努力不足,也可能是两者兼有。因此,这种对比不能反映一个国家的减排实际雄心。对于另外一些国家,比如俄罗斯和乌克兰,其 NDC 目标比不采取任何行动的碳排放情景还要高。这也反映出国家自主贡献机制的松散与不完善导致无法对于国家的减排行动做出客观评价。

第三节 巴黎会议后全球气候治理需要 解决的重大问题

一、各种赤字持续扩大,特别是领导力赤字

一是减排赤字。巴黎会议前后共有 147 个缔约方都提出了包含减缓目标或行动的国家自主贡献方案。研究表明即使这些方案全面实施,到 2100 年,全球气温升幅仍将达到 2.7℃～3.1℃[①],无法满足协定确定的 2℃温升目标;如果进一步实施 1.5℃温控目标,那么在 2050 年左右就必须达到近零排放,比实施 2℃温控目标早 10～20 年。在持续的跟踪研究中,大部分国家的现行政策都不能保证其 NDC 的按期实现,距离 1.5℃要求更是异常遥远。

---

① Climate Action Tracker. INDCs lower projected warming to 2.7℃: significant progress but still above 2 ℃[EB/OL]. (2015-10-01)[2020-03-02]. https://newclimate.org/2015/10/01/climate-action-tracker-indcs-lower-projected-warming-to-2-7c-significant-progress-but-still-above-2c/.

二是资金赤字。早在 2007 年和 2010 年公约秘书处和世界银行的报告就分别指出，2010—2030 年全球应对气候变化资金需求将达到 1 700 亿～6 000 亿美元，发达国家承诺出资力度远远不能满足需求。按照目前已经提出的第一轮 NDC 测算，2030 年发展中国家减缓资金需求量约为 2 765 亿美元，适应资金需求量约为 1 975 亿美元，资金总需求量高达 4 740 亿美元。[①] 而根据乐施会（OXFAM）2018 年的估算，2015—2016 年发达国家公共资金出资规模仅为 160 亿美元/年～210 亿美元/年，不仅低于需求，也低于之前的承诺（480 亿美元/年）。随着美国资金立场的严重倒退和其他发达国家的暗中应和，资金赤字规模将不断扩大。

三是全球化遇冷后的领导力赤字。在气候变化进程中的每一个里程碑式的成果背后都可以看到领导的力量，例如《议定书》背后的欧盟、协定背后的中美欧大国政治。而随着美国的"退出"、欧盟力不从心、基础四国实质性共识缩小、发展中国家利益诉求多样化，"真空"状况再一次出现在气候领导力领域，直接削弱气候治理对"力度"的迫切需求。世界需要"大而强"的治理机制，需要在后续谈判中强化协议"弱"的一面，在目前的政治现实下，这一步异常艰难。在平衡各方观点、提出搭桥方案方面中国正在逐步显示出更多的领导力[②]，但在"提高力度"的呼声面前也很难做到首先发声。

二、气候治理参与主体日趋多元化，喜忧参半

从全球治理的角度看，治理主体的多元化应该是大家所乐见的。非国家行为体特别是非政府组织（NGO）一般会积极甚至激进地推动谈判，对缔约方形成压力。气候治理需要这样的力量，但如何利用这股力量，慢慢成为一个问题。目前观察到的现象是发展中国家对非国家行为体以及非国家行为体影响很大的促进性对话表示不满（见本书第三章第三节），而发达国家予以支持。本质上看，气候谈判是缔约方的"主业"，非国家行为体的积极参与可能政治正确，但似乎不意味着法律正确。非国家行为体活动存在无序发展的问题，发散不聚焦，有些时候于事无补。企业类型的非国家行为体存在明显的利益色彩。非主体或公约外行为的无序行动可

---

① 潘寻. 基于国家自主决定贡献的发展中国家应对气候变化资金需求研究[J].气候变化研究进展，2016, 12 (5)：450-456.

② 庄贵阳，薄凡，张靖. 中国在全球气候治理中的角色定位与战略选择[J].世界经济与政治，2018(4)：4-27.

能扰乱谈判秩序,欲速则不达。另外,由于社会组织在中国发展相对滞后,西方国家也可能利用非国家行为体对中国实施打压。

三、发展中国家群体崛起,但引领气候治理的能力和抓手不足

世界政治经济格局"东升西降"趋势已持续多年,对气候治理的影响是多样的。一是发展中国家的话语权明显增强,更有力地倡导公平和维护自身权益,对西方语境体系下的全球治理提出挑战,促进气候机制更均衡地向前迈进;二是在西方国家主导的国际政治体系内,尽管话语权提升,发展中国家的呼吁多停留在理念方面(例如人权、代际公平、气候正义、健康权益、土著居民权利等),较少提出具有操作性、能被广泛接受的建议,最终的规则制定权依然更多地掌握在西方国家手中,双方僵持的结果导致磋商效率的一再降低;三是发展中国家利益分化严重,发展水平不一,难以形成真正的合力。例如,有些国家强调损失危害以及相应的赔偿、资金支持,而自身又缺乏合理利用资金的能力;有些国家经济结构畸形,严重依赖化石能源,在谈判中强调"应对措施"而自身减排动力缺乏;有些国家强调不切实际的减排力度;有些国家极力强调发展空间,在发达国家排放已经普遍下降的情况下,造成了发展中国家内部对排放空间的争夺。

从综合水平看,中国位于发展中国家光谱中最接近发达国家的一端,可以说是特殊的发展中国家,也是发达国家和发展中国家的桥梁。目前中国谈判实力与日俱增,生态文明建设成就不凡,是调和两个集团立场的最佳选择。但同时国内对气候变化的认识至今不完全统一,国民对气候变化认知度低,未来发展路径尚不十分清晰,引领气候治理的抓手还在探索中。

四、小结:全球气候治理中的"不可能三角"

针对气候变化这个全球问题,笔者认为气候治理要保证三个目标:治理全球化、国家主权以及治理效率,形成一个"三角形"(见图 1-1)。治理全球化认为全球问题必须全球行动,应对气候变化涉及世界发展的深刻全面转型,各个国家、阶层团体都应该参与其中。在公约机制下表现为全面参与,发达国家和发展中国家、国家行为体和非国家行为体,一个都不能少。同时,在多边机制下,由于不存在一个"联合国政府",维护各国的国家主权同样是不容置疑的,通常是"三角"中的顶点。

在磋商中表现为协商一致的民主决策机制、无侵入性的机制设置、国家自主的目标/行动确定模式(这其中包括自证公平的含义)。治理效率,在公约磋商中,特别指是否能在有限时间完成磋商、形成成果以及成果是否有效,即能否预期达到公约目标并且成本有效。目前的政治现实下,这三个目标不可能同时实现,选择其中两个,必须放弃第三个。"不可能三角"在全球化过程中不断出现①,气候治理也不例外。

在国家主权位于顶点同时又追求全面参与的条件下,治理效率将受到折损,这就是目前的现实。**这是一种看上去高度全球化但效率不高的模式,是一种中等程度的全球气候治理。**

在国家主权位于顶点同时又较多追求效率的情况下,治理全球化将受到影响,或许只能选择"绿色俱乐部"的模式,选择志同道合的国家,在小多边范围内自愿约束各自的行为。② 如果既追求全面参与又较多追求效率,那么缔约方可能需要让渡一些国家主权,做出一些牺牲,这种情景几乎不可能发生。

图 1-1　全球气候治理中的"不可能三角"

_____

① 葛浩阳. 经济全球化真的逆转了吗:基于马克思主义经济全球化理论的探析[J]. 经济学家,2018(4):11-18.

② ZHANG Y, SHI H. From Burden-sharing to Opportunity-sharing:Unlocking the Climate Negotiation[J]. Climate Policy,2014,14(1):63-81.

第二章

巴黎会议后全球治理走向分析

第一节　全球化和全球治理面临的挑战

一、"去全球化"浪潮涌现

去全球化并不是最近出现的新浪潮，历史上也曾出现。比如"一战"后美国发布《斯姆特-霍利关税法》将税率最高提高至 60％，《1924 年移民法》终止实施等事件标志着第一次全球化的落潮。而 2016 年以来，特朗普当选美国总统、英国脱离欧盟公投成功、意大利修宪公投遭否决、法国荷兰极右势力一度猖獗等事件则标志着西方国家主导的新一轮去全球化浪潮的开始。除了以上现象，这一轮的去全球化浪潮主要表现为反对外来移民，反对自由贸易，收回"国家主权"，减少国际公共物品的提供，压制新兴国家等国家利己主义的行为。①

欧美国家反对外来移民的倾向日益明显。英国在 2016 年 6 月 23 日举行的公投中选择脱欧，最直接原因是民众对外来移民的"恐惧"。赢得 2016 年 11 月美国总统大选的共和党候选人特朗普不仅主张限制移民，更放言在美墨边境修建隔离墙、禁止穆斯林入境。在法国、德国、奥地利、波兰等欧洲大陆国家，主张排外的极端政党均加速"崛起"。②

全球化意味着国家减少与外部经济往来的限制，或者把这种限制权交给国际组织，也可以理解为国家放弃部分主权。但当前的迹象却显示，发达国家要"收回"在全球化进程中"失去"的主权。英国公投脱欧，一个重要原因就是民众不满本国的经济管理权交给欧盟机构，不愿意继续接受欧盟各种规定的"管辖"，而是要按照自己的国家意志和利益做决策。特朗普更是反对区域一体化协议，胜选后即宣布

① 周琪,付随鑫. 美国的反全球化及其对国际秩序的影响[J]. 太平洋学报,2017(4)：1-13；刘明礼. 西方国家"反全球化"现象透析[J]. 现代国际关系,2017(1)：32-37＋44＋63-64.

② The New Political Divide[EB/OL]. The Economist,（2016-07-30）[2017-07-20]. https://www.economist.com/leaders/2016/07/30/the-new-political-divide.

将废除"跨太平洋伙伴关系协定"(TPP)、修改已经生效多年的"北美自贸协定"(NAFTA),威胁退出 WTO。美欧由于各自内部压力,在"跨大西洋贸易与投资伙伴协定"(TTIP)谈判中都很难让步,德国经济部长加布里尔坦诚 TTIP"已经失败"。从美欧整体情况看,许多国家领导人支持全球化的立场都在退缩,转而走向"国家主义"。

此外,发达国家视新兴经济体为全球化的"搭便车者""不公平竞争者"。特朗普主张对中国、墨西哥等国的货物征收惩罚性关税,并不断升级。欧盟 2016 年6 月发表的《对华新战略要素》,公开指责中国新近立法与市场开放、公平竞争相悖,并认为中国产能过剩对欧洲经济形成冲击。①

总之,欧美发达国家掀起了一波"反全球化"浪潮,保护主义、孤立主义、民粹民族主义似乎兴起(包括能源民粹主义,见本书第三章第四节),政党极化又使全球化两侧阵营的冲突变得更为尖锐。英国《经济学家》杂志认为,区分政党的标志已经不再是传统的左或右,而是开放还是保守,如欢迎移民还是拒之门外、开放贸易还是保护国内产业、支持文化交流还是进行文化保护。②

二、"去全球化"原因简要分析

欧美发达国家反对全球化的主要理由包括全球化造成了失业、收入下降、经济不平等、政治冲突、国家认同危机、犯罪活动与国家安全危机等。总结来说,可以归纳为以下两点原因。

第一个原因是全球化具有再分配效应,会进一步造成经济不平等,而政府对此往往认识不足,未采取有效的补救措施。

自由贸易可能使某些群体失业和收入下降。当资本在全球配置、分工在全球展开时,市场竞争的压力会比仅在本国内大得多。以美国为例,为了降低成本,美

---

① European Commission. Joint Communication to the European Parliament and the Council - Elements for a new EU strategy on China (JOIN(2016)30final)[R/OL]. (2016-06-22)[2016-08-15] http://eeas.europa.eu/archives/docs/china/docs/joint_communication_to_the_european_parliament_and_the_council_-_elements_for_a_new_eu_strategy_on_china.pdf; Concil of European Union. EU Strategy on China -Council conclusions[R/OL]. (2016-07-18)[2017-02-28]. http://data.consilium.europa.eu/doc/document/ST-11252-2016-INIT/en/pdf .

② Drawbridge up[EB/OL]. The Economist. (2016-07-30)[2017-07-20]. https://www.economist.com/briefing/2016/07/30/drawbridges-up .

国企业纷纷外迁或外包,这样美国劳动者就必须与待遇比他们低很多的发展中国家的劳动者竞争。而美国由于自由贸易而转向从事的优势产业(高新科技等产业)却又因对教育程度的高要求,无法解决美国蓝领的失业问题。一些研究认为,在一定意义上,发达国家的中低收入群体是全球化的最大受损者,例如仅 2015 年,美国与 TPP 各国的贸易逆差就使美国损失了 200 万个工作岗位,其中 110 万个来自于制造业。[1]

与此同时,金融全球化极大地提高了资本所有者的收益,使得富人的收入和财富以更快的速度增长,贫富分化日益严重。美国皮尤中心数据显示,美国的人口结构已经发生显著变化,被视为橄榄型社会"稳定器"的中产阶层比重降低,穷人和富人的比重都在上升。美国皮尤研究中心研究显示,20 世纪 70 年代,美国中产阶级占总人口的比重达 60%,到 2001 年已经降至 54%,2018 年进一步降到 52%。同时中高收入和中低收入群体比重,2018 年分别上升至 19% 和 29%。贫富分化也是英国脱欧的重要原因,很多中下层希望借公投给国家带来改变,进而提高自己的经济地位。关注贫穷问题的国际组织乐施会 2016 年 9 月发表的研究报告显示,英国最富有的 1% 人口(约 63 万人)占有的财富,是最贫穷的 20% 人口(约 1 300 万人)财富总和的 20 倍,如政府不及时采取有力措施,2030 年前将有 40 万家庭陷入贫困。

第二点原因是人口在全球范围的自由流动,可能造成本土居民事业和收入下降,引起社会冲突,甚至可能危害国家安全。

外来移民可能冲击国内劳动力市场,加剧竞争,拉低工资,导致失业。有研究认为,首先,墨西哥移民对美国低学历的本土就业者的工资会产生一定负面影响,大约使其降低了 4.7%。[2] 其次,外来移民可能引发本土居民心理失衡,产生相对被剥夺感,进而引发本土居民不满和种族歧视。再次,外来移民可能导致过度的社会多元化,引发国家认同危机。最后,外来移民还可能带来更多的犯罪活动和安全威胁。

可见,全球化固然可以提高世界各国的总体福利,但其中也有受益者与受害

①　SCOTT E R, CLASS E. Trans-Pacific Partnership, Currency Manipulation, Trade, and Jobs [R/OL]. Economic Policy Institute, (2016-03-03)[2020-03-25]. https://www.epi.org/publication/trans-pacific-partnership-currency-manipulation-trade-and-jobs/.

②　BORJAS G J, KATZ L F. The Evolution of the Mexican-Born Workforce in the United States [R/OL]. NBER Working Paper No. w11281, (2005-04)[2017-08-01]. https://ssrn.com/abstract=3274411.

者。当某一国或国内某一群体的利益受到危害,并且这些群体拥有一定话语权时,就会比较激烈地反对全球化。

总而言之,西方国家过去一直是全球化的主导者,如今却成为阻碍力量,主要原因在于其在全球化进程中国家治理不力,经济和社会困境日益突出,民众抵制情绪滋生。全球资本跨国流动,以寻求低成本劳动力;同时后发国家人口跨境到发达世界,以寻找更高待遇工作。资本在全球优化配置获得极大利润的同时,也将财富和收入的不平等增长、贫富分化推向了极化。政治精英与国际资本,加上新技术的三者"铁三角"式结合,已对全球中低阶层构成更大、更严重、新形式的剥削和压迫。而这一轮反全球化浪潮来势汹汹,从根本上是对这种权力与资本结合的反抗。[①]

三、对"去全球化"浪潮的认识

1. "去全球化"不会逆转全球化潮流

客观地看,本质意义上的全球化,其进程与趋势并未逆转。这是因为:其一,全球化的两大动力不仅客观存在,而且继续强化。这是指生产诸要素的全球性流动与组合方兴未艾,技术的不断进步支撑并推动着各个领域的全球性交往;其二,相互依赖已成为人类的内在生活方式,全球相互依赖加深的进程仍在继续;其三,共同的问题、共同的利益、共同的价值,当代人类社会的这三大共同点正不断打破种种区隔与边界,开辟着"人类世"的新前景,凝聚着人类命运共同体。

2. "去全球化"是对全球化的纠正

"去全球化"严格来说是全球化进程中的另一种利益、另一种力量、另一种话语及另一种模式。同时,也不宜对去全球化做标签式的解读,即反全球化就一定是坏东西,去全球化就一定意味着是全球化的倒退。实际上,去全球化与全球化是同一进程,或者说反全球化是对全球化的纠偏与调整,是为了推进更好、更公平的全球化。[②]

全球化的未来发展会更加注重公平。20 世纪 80 年代以来的全球化快速发

---

① 储昭根. 当前西方的反全球化浪潮:成因及未来走向[J]. 人民论坛·学术前沿,2017(3):20-30.

② 蔡拓. 被误解的全球化与异军突起的民粹主义[J]. 国际政治研究,2017,38(1):15-20.

展,很大程度上是受新自由主义的影响,这一理论倡导的全球化崇尚效率、忽视公平,其支撑的经济政策正受到越来越多的"诟病"。美国纽约大学教授努里尔·鲁比尼认为,"反全球化"的势头可以得到遏制,方法是对全球化中的输家予以补偿,比如提供补贴、失业救济、就业培训、医疗保健、教育机会等。英国《经济学家》杂志认为,要继续享受全球化带来的好处、减轻负面冲击,受损者的利益需要得到补偿,全球化收益要更平均地分配。

3. "去全球化"使全球化进程放缓

"反全球化"虽然不致逆转全球化,但当前迹象充分显示,发达国家在全球化中利益、地位受损的群体已迫使精英重视其诉求,对全球化进行"管理"。鉴于发达国家在国际经济格局中仍占据主导地位,其"反全球化"动向将导致全球化发展暂时难再"高歌猛进"。英国经济政策研究中心的研究报告显示,2015 年全球贸易保护措施比 2014 年增长 50%,国际贸易增长已经趋于停滞;全球贸易预警组织数据继续显示 2018 年比 2017 年增长 15.4%,达到 2009 年以来的新高。未来一段时间内,支持与反对全球化的力量可能处于胶着状态,有些国家政策趋于保守,有些国家呼吁继续开放,对于是否继续推进全球化、如何推进全球化难以达成共识,全球化进程将在争论、分歧甚至冲突中缓慢发展。

4. "去全球化"对世界秩序形成挑战

全球化目前正进入低潮期,以欧美国家为主的民粹民族主义的兴起也促使逆全球化潮流高涨。在这样的形势下,现代世界体系的稳定正面临着巨大的挑战,当前学者研究对未来的挑战有三种预测。第一,世界市场经济体系因国际政治体系中诸多大国纷纷诉诸民粹民族主义和保护主义,协调市场平稳运行的国际制度能力下降和国际公共产品供应不足而陷于混乱;第二,在国际政治体系内则因全球化退潮、世界市场经济体系运作的不顺而导致国家行为体之间、国家行为体与非国家行为体之间的相互依赖大大下降,并且在资本主义发展不平衡规律作用下,大国间的权力斗争和称雄争霸将再度成为国际政治体系的主流;第三,现代世界体系中维护世界经济体系和国际政治体系稳定运作的国际制度的地位和作用,也由于全球化的退潮、民粹民族主义的兴起急剧下降,现代世界体系无政府状态下大国间的"安全困境"因此而重新变得十分难解,甚至"世界大战的阴影似在当前的现代世界体系中弥漫"。①

第二节　美国气候政策的颠覆性变化

从 20 世纪 90 年代以来,美国气候变化政策几经翻转,速度之快甚于气候变化本身,而且多是颠覆性的、180°的逆转,让世人眼花缭乱瞠目结舌。全球应对气候变化进程受制于这个当今唯一超级大国的反复无常,二十年来虽努力为其"量身定做"相关法律和条款仍无功而返。这种脆弱和易变的政策,对内,美国的低碳发展受到不断冲击,很可能错失时代科技大潮而失去竞争力;对外,不仅全球气候治理进程受到影响,美国的形象和外交资源更受到很大损耗,在一定程度上沦为"无赖国家"而被轻视和嘲笑。

一、特朗普当选总统以来的"逆气候变化"相关政策评述

特朗普对美国气候变化政策的调整突出表现在能源政策的调整上。 "让美国再次伟大"(Make America Great Again)是特朗普从竞选到就职一以贯之的政治目标与核心理念,其能源政策也紧密围绕其展开。2017 年 1 月特朗普宣誓就职后不久,白宫网站"秒删"与气候变化相关的表述,公布了"美国第一能源计划"(An America First Energy Plan),该计划可以认为是特朗普能源施政纲领;3 月 20 日公布了"能源独立"政令。其核心要点可以概括为以下几方面:(1)能源政策的宗旨是降低美国人的用能成本,尽量开发本土资源,降低石油对外依存度,形成能够促进经济、保障安全、维护健康的能源政策体系;(2)放松对能源工业的管制,取消对美国能源工业"有害且不必要"的政策,尤其是环境与温室气体排放等方面的限制;(3)大力开发美国本土的页岩油气,产量提升带来的收益将用于基础设施建设;(4)致力于发展洁净煤技术,试图重振美国煤炭产业;(5)实现美国的能源独立,摆

① 叶江. 全球化退潮及民粹民族主义兴起对现代世界体系的影响[J]. 国际观察,2017(3):50-64.

脱石油输出国组织（OPEC）和任何威胁美国利益国家的束缚，积极与海湾盟国开展能源合作，保障能源安全。

从"美国第一能源计划"和"能源独立政令"中可以看出，与奥巴马政府限制传统化石能源、支持新能源、重视环境保护与应对气候变化为特征的能源政策不同，特朗普的能源政策以实质性地实现"能源独立"为核心宗旨，以创造财富和增加就业为主要出发点与立足点，其中，优先发展化石能源是特朗普能源政策区别于前任最为鲜明的特征。特朗普就任以来，已经明确推出的能源政策调整主要包括以下内容。

重启有争议的石油管道建设。特朗普政府致力于推动拱心石（Keystone XL）项目和达科塔（Dakota Access）项目的管道建设，这两个项目在奥巴马治下均因环境问题和民众反对而被阻止。特朗普于 2017 年 1 月签署了两份单独的行政命令来推动这两个项目的管线施工，并于 3 月 24 日正式批准加拿大管道公司承建连接美国和加拿大两国的拱心石输油管道项目。

大幅削减联邦层面的新能源研发及资助预算。特朗普的首个预算提案（2017年）将资助美国国务院和环保署（EPA）的援助资金削减了 30％左右。在此次预算提案中，美国能源部下属能源高级研究计划署（ARPA-E）的高级能源研究计划被叫停。另外，特朗普政府暂停了额度高达 250 亿美元的可再生能源贷款担保计划，而此计划支持了数个大型可再生能源项目的开发。

取消"不必要"的环保管制，气候变化政策基本消失，环境保护政策也大受影响。主要体现在四个方面：一是实施放松管制（regulatory reform）。在上任之初秒删白宫网页上所有"气候变化"字眼；2017 年 2 月底颁布的总统政令要求对清洁水法（Clean Water Act）进行审评，试图弱化联邦政府职权；3 月 28 日发布"能源独立"政令，取消总统气候行动计划，暂缓和修改清洁电力计划（CPP），修改和去除土地保护条例中对煤炭开采的限制，放弃奥巴马政府关于"碳排放社会成本"（36 美元/t）的概念，取消相关的政府工作小组。二是削减预算。已经递交给国会的 2018年财政预算大幅度削减环保署和能源部（DOE）等相关预算，其中气候变化项目首当其冲。三是任命了一批以 EPA 署长斯科特·普鲁伊特（Scott Pruitt）为代表的"反环保"人士入主内阁（斯科特已于 2018 年 7 月辞职）。四是 2017 年 6 月 1 日在白宫玫瑰园正式宣布美国将退出《巴黎协定》。

与环境和气候政策不同的是，初始阶段特朗普政府对节能和提高能源效率"动刀"幅度相对尚小，只是削减了 EPA 预算中涉及能源之星等节能项目预算 3.5 亿美元。但之后特朗普拟放松汽车燃油效率标准,2019 年 9 月 EPA 成功取消了加州制定和实施优于联邦标准的州级机动车排放标准的权利。① 同时,对 DOE 预算的大幅削减计划(近 18%)也将影响美国节能技术研发和节能标准的更新。

与此同时,特朗普政府还在经济、贸易等影响能源发展的若干领域作出了政策调整,助力美国实现能源独立目标。经济方面,特朗普计划未来十年内在美国创造 2 500 万个新的就业岗位,使美国经济年增速回到 4%,同时通过调整税率、加快基础设施建设、与主要贸易国重新签订贸易协定、审查或废除部分增加企业负担的联邦法规等政策调整来释放美国经济增长潜力。贸易方面,特朗普宣布退出跨太平洋伙伴关系协定(TPP)、重新协商北美自由贸易协定(NAFTA),今后将以把就业机会带回美国、提高国内工资水平、支持制造业发展等为目标开展贸易谈判。

可以看出,美国的能源政策全面收缩,主要目标直指降低能源成本、拓展本土化石能源产量、寻求国际能源市场主导地位,进而提升产业竞争力、扩大就业、缩小贸易逆差,所有阻碍这一目标的政策都在取消或重新评估之列,环境和气候变化政策首当其冲。这种格局和视野非常狭小的政策取向,在世界主要国家已经较少见到了。

特朗普政策在一定程度上确实刺激了经济,给连任带来了利好,但也将进一步给国内低碳行动蒙上阴影。2018 年 7 月 27 日,美国经济分析局(BEA)公布了二季度美国经济数据,其中实际 GDP 环比折年率高达 4.1%,刷新了 2014 年三季度以来的新高;2019 年 6 月 26 日,BEA 公布了第二季度不完全数据和第一季度数据,其中第一季度实际 GDP 环比折年率高达 3.1%,刷新了 2016 年三季度以来的新高。2018 年 7 月 23 日公布的民调显示,特朗普在选民中的支持率达到 45%,在共和党中的支持率更是达到 88%,因此其连任下一届总统的概率大幅增加。考虑到特朗普经济利益至上、果断生硬的行事风格,美国在未来几年内的气候管制可能产生较大幅度的倒退,对协定等国际机制的冷漠几乎是板上钉钉。美国的政策重心更倾向于朝着短期经济利益、去管制、双边协议的方向进行调整,从而可能挫伤全球气候治理的广泛参与基础,打击以协定为中心的气候行动多边合作的势头。

---

① EPA. EPA Revokes California's Authority to Set Climate-Protective Vehicle Emissions Standards[R/OL]. (2019) [2019-09-23]. https://www.epa.gov/sites/production/files/2019-09/documents/safe-vehicles-fr-part1-2019-09-19.pdf.

二、美国气候变化政策演变历程（20世纪90年代—2016年）

1. 20世纪90年代前

从历史上看，美国在参与国际环境治理机制的过程中扮演了双重角色，有积极的一面，更有消极的一面。**在科学上**，早在20世纪50年代，美国就开始关注气候变化问题；1979年美国国家科学院发布了最早的气候变化评估科学报告（Charney Report），指出CO_2浓度与19世纪以来气候变化的直接关系，并预测"如果CO_2浓度加倍的话，大气温度将上升$3\pm1.5℃$"。由于指出CO_2浓度增加与工业革命以来人类活动的直接关系，报告引起了广泛关注。在这个报告推动下，第一次世界气候大会于1979年11月在瑞士召开，气候变化第一次作为一个受到国际社会关注的问题进入公众视野。**在国际政治层面上**，自1972年联合国斯德哥尔摩会议之后，国际社会对环境保护问题和原则达成了若干正式的、有约束力的国际条约、协定、公约和议定书，也发布了许多非正式的、不具有正式约束力的宣言，美国不仅参与其中，还是不少条约的积极倡导者和领导者。特别是在保护臭氧层的磋商中，美国向对此持怀疑态度的国家施加压力，尤其是生产消耗臭氧层物质的欧洲国家，从而推动了《保护臭氧层的维也纳公约》及其《蒙特利尔议定书》的达成。**在国内政治层面**，乔治·赫伯特·沃克·布什（George Herbert Walker Bush，以下简称老布什）总统执政后，承诺要比里根总统采取更为积极的环境保护政策。尽管内部存在着政策分歧并且面临着商业界的反对，老布什政府在1990—1992年间确实通过了一些重要的立法，尤其是延长了《清洁空气法案》。

但针对气候变化的国际规制在1990年伴随着IPCC第一次评估报告（FAR）出现在国际视野之后，由于从一开始就牵扯到工业化国家内部以及发达国家和发展中国家的责任分担，美国在该问题上与国际社会的主流观点就开始相对抗。尽管美国此后签署和批准了公约，但它当时就表明"不接受任何对于公约第7条带有以下含义的解释，即美国承认或者接受任何国际责任或者义务或者发展中国家责任的弱化"。同时，由于美国坚持反对规定具有约束力的减排辖制，公约最终引入了一个"自愿目标"，即规定2000年附件一缔约方的温室气体排放量应当恢复到1990年的水平。

分析美国在20世纪90年代之前相对积极的态度，两个原因比较关键：一是

1990 年之前,美国国内的环境法标准高于国际法律,美国乐于在全球推广自己的标准以推动国际合作;二是美国自 20 世纪 70 年代开始,地方政府的环境立法权和环境外交责任重于联邦政府①,由于当时美国举国上下的环境保护运动,美国国会比较重视加入国际环境规则和机制。进入 20 世纪 90 年代以后,美国的环境管理面临不同的特点,即国内环境规制的演进速度走低,与国际规制拉平或者落后,美国要将批准的国际法转化为国内法实施必须先修订国内法,基于"国家(州)利益至上"这一原则,国会开始扮演否决和阻滞国际环境法条约的角色。至今尚未批准的十二个国际环境条约大多数是在 20 世纪 90 年代之后被搁置的。

同时,20 世纪 90 年代早期共和党结束了 12 年执政期,民主党走上舞台,后者在国际上注重多边机制的作用,国内在发展经济的同时也更关注环境问题。两党之间以及执政党与国会之间就环境问题的博弈更加激烈。

2. 克林顿时代(1993 年 1 月—2001 年 1 月)

克林顿政府时期努力把环境问题与美国国家安全联系起来,成立了总统可持续发展委员会,任命副总统戈尔担任主席,提升了环境问题在国内政治议程上的优先性。克林顿-戈尔组合被认为是美国历史上最具绿色意识的组合。但从实际效果看,在美国国内,环境问题仍未真正进入战略视野;在国际上,虽然克林顿总统承诺"美国将重新取得世界需要我们展现的(环境)领导权",但在重要的多边环境合作中也没有取得实质性进展。当时国内经济恢复迅速,并且民主党占据了众议院和参议院的大部分席位,但是克林顿政府最终不得不决定否定副总统戈尔提出的碳税提议,由此可见克林顿政府也难以取得必要的国内共识。共和党人在 1994 年国会选举中的胜利进一步限制了克林顿政府的气候变化战略。1995 年,克林顿政府接受了"柏林授权",但是参议院 1997 年 7 月 25 日以全票通过(95：0)的伯德-哈戈尔决议案(Byrd-Hagel,亦称 98 号决议)虽然没有直接反对全球气候变化治理领域"共同但有区别的责任原则",但明确宣称:

"美国不应该签署加入任何议定书……让美国在限制或减少温室气体排放方面做出新的强制性承诺……除非该议定书或其他协定在同一规定期间为发展中国家限制或减少温室气体排放也做出新的强制性要求,或签署加入对美国经济造成

①　KRAFT M E. Environmental Policy and Politics in the United States: Toward Environmental Sustainability? [M]//Environmental Politics and Policy in Industrialized Countries. Cambridge, Mass: MIT Press, 2002: 31.

严重伤害的议定书。"

这基本上奠定了《议定书》不会被国会批准、甚至总统根本不会将其递交给国会的基调。这里就出现了一个问题，为什么在京都会议上，美国最终同意了《议定书》的达成？可以推测美国代表团最终同意签署《议定书》更多是出于时任克林顿总统的考虑——当时已经是克林顿的第二任期，不存在连任的顾虑，更多考虑留下某种政治遗产，而签署一个一定不会被批准的议定书的行动会在很大程度上夯实克林顿的环境友好形象①，赢得国内环保主义者的欢迎和国际支持。也有研究认为，克林顿政府忽视了 98 号决议的重要性，片面认为签署《议定书》可以促使发展中国家也采取类似的行动从而软化参院立场；当意识到该决议的严重性时，又试图通过秘密运作的方式推动《议定书》的执行，但国会通过严格的预算切断了后路。②

3. 小布什时代（2001 年 1 月—2009 年 1 月）

几经周折，乔治·沃克·布什（George Walker Bush，以下简称小布什）担任美国第 41 任总统之后，美国的环境和气候外交回归共和党的保守传统。2001 年 4 月小布什宣布退出《议定书》，标志着美国气候政策发生了彻底转折。小布什在 2001 年 6 月 11 日的演讲（同样在玫瑰园中）明确提出："对于美国来说，遵守这些指令将产生消极的经济影响，导致工人的失业以及消费品价格的提高。当重新评估这些缺陷时，大部分人会认为这不是完美的公共政策。"这与特朗普给出的部分原因如出一辙。2002 年加利福尼亚电力危机使得布什政府更加坚信这一理由，坚定认为"美国的温室气体减排目标要与其经济规模联系起来"。美国的退出直接影响了《议定书》生效的过程，阻碍了全球气候变化治理的进展。

在小布什当政期间，美国外交政策议程上最重要的事项是对于安全的威胁——既包括传统的政治军事威胁，也包括大规模杀伤性武器、恐怖主义活动等非传统的威胁。总体上看，它的外交议程是狭窄的。与克林顿政府时期相比，小布什政府时期全球环境问题在美国外交政策议程上的位置进一步下降，并且把经济利益置于核心，因而美国在全球环境治理的很多多边场合扮演了拖后者的角色。对于气候变化，小布什政府只是承诺美国将提高能源效率、发展替代能源，并强调要优先保证美国经济增长和竞争力。

---

① BANG G, HOVI J, SPRINZ D F. US presidents and the failure to ratify multilateral environmental agreements[J]. Climate Policy, 2012, 12(6): 755-763.

② 阎静. 克林顿和小布什时期的美国应对气候变化政策解析[J]. 理论导刊, 2008(9): 141-144.

专栏 2-1 　**小布什政府采取基于能效和可再生能源技术的减缓措施**

　　小布什政府让《京都议定书》的生效过程遭遇打击,却并未漠视温室气体减排问题,而是出台了一系列减排举措。2001 年 5 月,在美国国家能源政策发展小组制定的国家能源政策中,促进节约能源及发展再生能源技术是重点内容。6 月,小布什政府提出了"探讨气候变化成因研究行动",投入大量资金在多个部门推进气候变化的相关研究。

　　2002 年 2 月 14 日,政府宣布实行"洁净天空行动计划"和"全球气候变化行动",前者打算分两个阶段削减电厂排放的氧化氮、二氧化硫和汞三种污染最厉害的气体,削减比例达到 70%;后者则提出其温室气体减量目标,即 2012 年将美国温室气体排放强度(每单位 GDP 的温室气体排放量)较 2002 年减少 18%。

　　资料来源:张莉. 美国气候变化政策演变特征和奥巴马政府气候变化政策走向. 国际展望, 2011(1)75-94+129.

　　随着有关气候变化的科学共识的增强和国际社会、国内各团体(包括国会)对美国批评的增加,小布什总统开始在公约外提出新的气候变化治理倡议,如 2005 年发起了亚太清洁发展和气候伙伴计划(APP),强调"大国减排"思想。**到小布什政府的第二任期,尤其是最后两年**,其气候变化政策出现了更为实质性的转变。尽管小布什政府继续反对承担中期的量化减排义务,但小布什总统在 2007 年 7 月的八国峰会上接受了全球到 2050 年减排 50%的目标,并且至少在言辞上支持 IPCC 第四次评估报告和"巴厘路线图"。2007 年 5 月底,小布什政府提出制订所谓应对气候变化的"新长期战略",宣布美国政府将召集主要经济体举行一系列会议,力争到 2008 年年底设立一个新的温室气体减排长期目标。2007 年 9 月 27 日,小布什政府召集主要经济体召开了能源安全和气候变化论坛(Major Economies Forum on Energy Security and Climate Change)。美国邀请了 15 个国家的代表参加。小布什政府认为,2012 年《议定书》第一承诺期到期之后,新的国际气候变化框架必须将发达经济体和发展中经济体都包含在内。可以看出,与参议院的做法类似,小布什政府避免直接反对全球气候变化机制的核心规范,而是试图重新塑造国际社会对于全球气候变化机制的原则和规范的共识,特别是那些关于对等和履行灵活性的规范,以防止对美国经济增长造成负担。

　　小布什政府的这种政策转变与美国地方政府的气候变化政策倡议更为一致。美国国内许多州结成联盟,采取了与全球气候变化治理规范更为一致的政策。例如,2005 年 12 月,美国 7 个州达成一致,同意自 2009 年起对电力提供商实施强制性的限额和交易制度；加利福尼亚和其他 6 个西部州在 2008 年 9 月也就地区排放限额和交易制度达成了一致。2005 年达成的美国市长气候保护协议签署之初仅包括 141 个城市，到 2009 年 9 月则遍布 50 个州。

4. 奥巴马时代（2009 年 1 月—2017 年 1 月）

2009 年来自民主党的美国新总统奥巴马从三个方面改变了小布什政府的环保政策：**首先是把气候变化和美国能源独立联系起来**，推行"能源型气候政策"[①]，强调新能源和低碳经济对于美国未来经济竞争力和国际地位的重大影响；其次，重新提出美国的全经济范围绝对量减排目标。哥本哈根会议之前，美国公布了减排目标：2020 年比 2005 年减排 17%（相当于在 1990 年基础上降低 4%，当然这个目标相对《议定书》的目标已经大打折扣了），2025 年减排 30%，并在坎昆决议中得到重申；第三，重新回归到克林顿政府时期的多边主义轨道上来，同时敦促中国和印度等新兴大国在环境问题上承担更大的责任。

如果说奥巴马第一任期还受制于前任政府政策的连续性影响，没能做出更多实质性转变，那么第二任期则看到了美国气候变化政策的实质性调整。获得连任后，奥巴马在总统就职演说和国情咨文（2013）中两次大幅调高有关气候变化问题的"调门"，发出在第二任期内不会就气候变化问题做出让步的明确信号，表达了即使没有国会支持也将积极开展气候行动的决心。2013 年 6 月 25 日，美国发布了《总统气候行动计划》（*The President's Climate Action Plan*，以下简称《计划》），是迄今为止美国发布的最全面的全国气候变化应对计划。由此，美国气候变化政策开始从被动走向主动、从分散走向集中，从模糊走向清晰。《计划》将通过行政手段执行，无须国会批准。

该《计划》的目标是全面减少温室气体排放，并保护美国免受日益严重的气候变化带来的影响。通过制定并落实清晰的国家战略，在保护美国人民的同时提振国际社会应对气候变化的雄心，树立美国在全球应对气候变化中的领导地位。《计划》对国内行动和国际行动均做出了清晰的规划，包括三个部分：减少美国的碳污染，为美国应对气候变化的影响做准备，领导应对全球气候变化的国际努力。国内行动包括两个方面，即减缓气候变化和适应气候变化；突出三个重点，即温室气体减排、提高能源效率和发展可再生能源。该《计划》重申了美国到 2020 年温室气体排放比 2005 年减少 17% 的承诺，提出五个方面的具体措施以减少美国的碳污染

---

① 于宏源. 奥巴马政府能源型国家塑造和中美能源关系[J]. 国际观察，2014(5)：63-77.

和减缓气候变化,包括:有效利用清洁能源;建立 21 世纪运输业;减少家庭、商业和工业的能源浪费;减少氢氟碳化物和甲烷等其他温室气体的排放;联邦政府在清洁能源和提高能效等方面做出表率和领导力。此外,提出美国将从三个方面加强气候适应能力,为难以避免的气候变化影响做准备,包括:建立更加强大、安全的社区和基础设施;保护经济和自然资源;用健全的科学管控气候影响。在国际行动方面,该计划强调美国要领导应对全球气候变化的国际努力,为气候变化这一全球性的挑战寻求真正全球性的解决方案。一方面,美国将与其他国家联合行动以应对气候变化;另一方面,美国将通过国际谈判领导应对气候变化的努力。该计划主张以市场为基础和自下而上的灵活机制,并要求发展中大国共同减排,这些基本策略在《计划》中均得以充分体现。

可以说,该《计划》的出台标志着美国气候变化政策从分散走向系统,从模糊走向清晰。《计划》既是对美国未来气候变化政策的远景规划,也是对现有各项气候政策的全面梳理和总结,搭建起美国全方位、立体化的气候变化政策框架:横向涉及美国的内政和外交,纵向三条"主轴线",即碳减排、碳影响、碳领导力,覆盖家庭社区和产业部门,力图将之前分散执行的各项气候政策置于统一框架之中,系统地加以推行。此外,《计划》不仅具有重要的战略和政策宣示意义,还包含了相当部分的具体政策。特别突出的是,提出了美国适应气候变化方面十分具体的措施。《计划》将"减缓"和"适应"置于同等重要的位置,认为美国在采取行动减缓气候变化的同时,还应积极致力于加强美国的气候适应能力。为此,从三方面提出了 17 条具体措施,这是以往所未见的。

此外,该计划具有两个突出的特点,一是计划试图绕过国会通过行政手段推动变革。《计划》是一项绕开美国国会而通过行政命令手段加以实施的一揽子计划。自第一任期开始,奥巴马就力推气候变化立法,但在党派政治的背景下,通过立法途径实施应对气候变化计划被证明极难走通。此外,传统和新兴企业的不同游说力量也使美国国内达成政治共识的过程更加漫长。进入第二任期,奥巴马意识到在国会两党力量不发生戏剧性变化的情况下,推动气候政策立法仍将困难重重,故转而采取行政命令推动全国性的应对气候变化行动。二是计划强化了标准类的政策工具。《计划》着眼于从立制度、定标准入手改变现状:第一,制定针对发电厂的温室气体排放标准。重点指向占美国碳排放总量约 40% 的发电厂,指示美国环保署制定相关排放标准,禁止发电厂随意排放。该标准不仅将对新建电厂提出碳排放强度标准,保证传统煤电无法获得政府批准,还会限制已有电厂的碳排放。这将是美国有史以来第一个针对发电厂的碳排放标准，也是《计划》的核心内容之一。第二，制定并强化汽车燃油和排放标准。2011 年，奥巴马政府完成了首个重型车辆温室气体和燃油经济性标准的制定。在第二任期内将制定针对重型车辆的"后2018"燃油经济性标准，以进一步减少燃油消费、提升货物运输效率。第三，设立能效标准的新目标。奥巴马第一任期内，美国能源部已经制定了洗碗机、冰箱以及许多其他产品的最低能效标准。在此基础上，美国政府为电器和联邦建筑的能效标准设定了新目标，即到 2030 年该能效标准累计减少温室气体排放 30 亿吨，相当于美国目前能源部门一年排放量的 50% 左右。

2015 年 8 月 3 日，奥巴马和环保署克服重重阻力颁布了《清洁电力计划》(Clean Power Plan, CPP)，这是美国第一次出台针对电厂碳减排的国家标准，也是美国在采取实际行动应对气候变化、减少电厂碳排放方面所迈出的历史性一步。在经过了数年前所未有的大范围公众沟通和宣传后，最终版的《清洁电力计划》旨在通过灵活和平等的手段，实现美国能源行业的绿色转型。这项措施是奥巴马计划采取的最重要的"单边措施"之一，即通过为不同电厂设定严格的排放绩效，实现2030 年美国电力行业的碳排放比 2005 年减少 32%。例如 CPP 设定新电厂的排放不能超过每兆瓦时 1 000 磅 CO_2（相当于 456g/kWh）。如果能顺利通过，该标准将有效阻止新建燃煤电厂的建设（整个 2012 年美国只有一家新燃煤电厂并网发电）。同时 CPP 将带来巨大的协同效益和经济收益。[①]

在气候外交方面，美国也恢复了领导力量。不仅与基础四国共同打造了"哥本哈根协议"，更与其他国家一起提出"预期国家自主贡献(INDC)"的概念、完善对"共区"原则的理解、完成"德班授权"，达成《巴黎协定》，并促成了协定的提前生效。

当然，还是应该从多方面评价奥巴马任期的气候政策。批评者认为，奥巴马是"语言的巨人，行动的矮子"，曾经提出的 2025 年减排 30% 的国家适宜减缓行动(NAMAs)目标，到 NDC 就缩减为 26%～28%，但却一再强调"2020 年后减排速度提高一倍"的托辞；而且从未正视美国的历史责任，与其他历任总统一样强调中印减排的重要性；还凭借强大的外交实力推动国际气候制度从原有的"自上而下"、具有较强约束力的模式走向松散的、约束力很弱的机制，开了历史的倒车。而褒扬者则认为，在与国会合作不畅的情况下奥巴马已经尽了最大的努力在美国国内推行低碳发展、在国际上推动多边机制演进，同时在新能源科技发展方面美国的投入和

---

① Overview of the clean power plan[R/OL]. (2015)[2020-03-01]. https://archive.epa.gov/epa/sites/production/files/2015-08/documents/fs-cpp-overview.pdf .

贡献也是巨大的。

三、为什么美国的气候政策脆弱多变

一个国家为什么会接受某些国际规范而拒绝另一些？进而，一个国家为什么一个时段认为某个国际规范可以接受并推动国内行动，而在下一个时段认为这个国际规范严重触犯了其国家利益而拒绝履约？美国给笔者提供了研究的范本。笔者试图从多个方面去理解美国气候变化政策的决策背景和依据。

美国国内政治的复杂性是解释其气候变化政策反复无常的最容易接受的原因。具体地说，美国国内政治因素的影响表现在美国实行分权与制衡的政治制度，立法、行政、司法三种权力分别由国会、总统、法院掌管，外交权由总统和国会（具体为参议院）分权。三个部门行使权力时，彼此互相牵制，以达到权力平衡。也就是说美国的立法机构、行政机构和司法部门在美国国际环境政策的形成和实施中都发挥着作用。同时宪法也赋予各州权力，它们在国内和国际的环境政策中也利益攸关。

美国的权力分立和两党体制客观上使得多元的国内行为体能够影响美国在全球环境问题上的外交决策。首先，国会在决定美国参与全球环境治理的行为方面具有直接和关键的影响。一般意义上，人们会认为总统在（环境）外交政策方面享有特权，但是就对国际环境协议的批准而言，立法机构的偏好和支持要比行政机构的意图更加重要。美国宪法第二条规定了美国缔结国际条约的程序，即总统经咨询参议院并取得其同意（2/3 多数同意）才有权缔结条约。美国缔结条约的过程始自总统发起谈判，任命谈判代表（这些任命可能要咨询参议院并获得其同意）。然后，其谈判代表就协议的形式和内容进行谈判。国会成员在此阶段可能会通过咨商或者作为谈判代表团观察员的身份介入此过程。谈判者达成协议后，条约得以通过，由总统或者其谈判代表签署。接着，总统将该条约递交参议院，通常是参议院外交关系委员会。该委员会将举行听证会并且准备一份书面的报告。如果外交关系委员会支持该条约，则它会加以公布，通常附上拟议的批准决议书。外交关系委员会公布该条约后，参议员可以对此进行表决。如果该条约得到参议员 2/3 多数同意，则参议院将该条约送递总统。如果该条约不能得到参议员 2/3 的投票通过，则该条约将被退回外交关系委员会或者总统。多边条约一般是在规定数量的缔约国交存其批准的文书后生效。对美国来说，一旦某项国际条约生效，则国会将进行立法,以使得该条约规定的义务对美国生效。按照一些学者的观察,在国会,可以说国内政治和国际政治之间几乎没有什么界限,针对气候变化问题更是如此,原因在于政府在国际上所做出的减排承诺会对国内各相关利益方产生切实影响。因此,由美国行政部门谈判达成的国际环境协议也必须得到参议院的批准才能对美国具有约束力。此外,国会控制着总统能否获得相关资金,也决定着联邦拨款的多少,这会起到支持或者阻碍美国政府采取积极的全球环境政策的作用。可以看出,一旦涉及气候立法,国会的作用和影响力是最大的,而国会的开放性特征、地方政治色彩以及臃肿体制造就了其往往采取异常客观中立的立场来制衡行政部门或左或右的政策取向,一般来说是超越党派利益的,更忠实于议员们眼中的国家利益。

专栏 2-2 **国会为什么总是阻滞气候变化立法?**

在美国,想干成一件事情一定是立法先行,而国会掌控着立法权。在全球很多国家都制定了应对气候变化法律法规之时,美国的相关立法还是一片空白。不仅仅是在共和党掌控国会的时候,即使是民主党占国会议员大多数的情况下(如克林顿时代),气候立法也难以通过。其中原因值得分析。

总体来看,国会的定位是超越党派利益的,一切以他们眼中的国家利益、民族利益为重。因此,相对于政府或左或右的政策取向,国会倾向于保持冷静和中立的态度。在气候变化问题上,参议员们对国际合作这一解决途径充满疑虑,担忧强制减排会形成国家对经济的干预,这在信奉自由市场理论的美国是不能被接受的。

美国国会具有开放性特征,也就是容易受到各种利益集团、游说组织和非政府组织的影响。例如,在京都会议之前,强大的游说运动就对国会产生了重要影响。与能源相关的私营企业为使国会加强抵制约束性的国际条约,花费了 1 300 万美元做广告。全球气候变化联盟和煤矿工人联合会也成功地向国会议员表达了他们的观点。

与政府相比,国会更加凸显地方政治色彩,因为参议员是由他们所在的州选举出来的,因此在考虑立法时,他们必须时刻关切各自所在州的利益。议员们都非常清楚,虽然在理论上美国人也许愿意支持强硬的气候变化政策,但如果这种政策将带来就业和福利的影响,民众就没那么热情了。总之,不改变美国人的生活方式是美国人的一致诉求,这也是他们自私傲慢的地方。

从另一方面看,国会也不总是那么保守。在小布什执政阶段,气候变化政策大转折,反而使一些国会成员深感不安,107届国会在2001年产生了一连串与应对气候变化相关的提案,而且之后的提案也非常之多。可以看出国会的态度其实也是在发生变化,只是还未到形成普遍共识的阶段。

参考资料:阎静.克林顿和小布什时期的美国应对气候变化政策解析.世界经济与政治,2008(9)141-144.

其次,由于环境政策经常与经济发展密切相关,美国的商业和工业团体经常积极地影响美国的环境外交政策。工商业界的潜在力量和对美国环境外交政策的实际影响是非常巨大的。这与它们的财政资源、政治联系和在整个国民经济中的地位是分不开的。一些学者认为,由于商业界具有推动经济增长和提高就业率的能力,因此与政府之间享有"具有优先性的关系"。但是它们之间在美国签署和批准国际环境协议问题上也存在分歧,例如一些商业实体不希望制定国际环境协议,因为它们希望继续执行惯常的业务标准,避免为符合环境标准而付出额外成本,但也有一些工商业实体希望美国参与制定国际环境协议,以在国际上拉平竞争标准提高国际市场对它们的产品的需求,或者保护它们需要的资源等。虽然美国商业界在气候变化政策上也存在分歧,一些商业团体甚至还从最初的反对立场转向支持公约和《议定书》,但两相比较,其主流的观点仍然是反对成本巨大的减排。2009年,美国商会和制造商协会就曾反对温室气体限额和贸易立法以及美国环保署对温室气体的监管权。即使商业界不能控制美国气候变化政策的演变,它仍然具有足够的权力来确保自身对成本和竞争力的关切,并得到决策者的考虑。在气候变化问题上,由于美国公众并不非常支持温室气体的减缓行动而是更加关心减排的成本,这就使得美国的商业界对美国气候变化政策的影响要大于它对其他环境政策的影响。

再次,美国的环境非政府组织由于其成员数量巨大,活动形式灵活,与公众联系密切,因此对美国的环境外交决策产生着重要的影响。它们经常从外部对政府的环境外交政策施加影响。环境非政府组织通过向决策者强调它们的成员通常会根据环境问题的处理情况来进行投票,从而积极地游说国会议员和总统,听取自己的关切。它们频繁地要求其成员向国会和白宫发出潮水般的邮件,反映在某些环境问题上的观点。环境非政府组织有时也能够向决策者提供某些特定问题的专业知识,从而使有些环境非政府组织从公共的倡导集团转变成为重要的专业知识的来源。从另一个角度看,环境非政府组织也可以从内部来影响美国的环境政策。在 20 世纪 90 年代,环境非政府组织的代表日益参与到美国参加国际环境会议的代表团中。虽然它们不能对美国在国际环境问题上的政策发号施令,但是它们对美国代表团的决策进程产生了重要的影响。然而,根据部分学者的研究,在气候变化问题上,美国的环境非政府组织并没有在环境保护与公众健康之间建立起决定性的联系,也没有使选民确信减少温室气体的排放在成本上是可以接受的,因此很难在美国气候变化政策的决策过程中发挥重要的影响和作用。

最后,**美国气候政策的一个重要特点就是受两党政治的影响巨大**,直接影响美国政府的政策走向。历届共和党政府和民主党政府在气候变化问题上的立场和政策具有显著的区别。总体而言,前者在社会政策方面秉承新社会保守主义,注重传统价值,经济政策方面遵循古典自由主义,强调市场作用,反对联邦政府过多干预地方环境事务,在外交和国防问题上采取较强硬态度。后者相对积极和"左倾",在社会政策方面注重多元化,在经济政策方面强调"大政府"作用,在外交方面更具灵活性,努力将气候变化打造成继续扩大美国影响力的一面旗帜。在党派政治的作用下,美国的气候变化政策本身就脆弱易变。

此外,总统及其智囊团对气候变化科学和气候变化经济的认识参差不齐。布什父子没有特别怀疑过气候变化科学,但怀疑气候变化经济学,认为减排会带来额外的经济代价,影响美国竞争力。克林顿将气候变化与国家安全结合起来,奥巴马则将其与能源独立相关联,认为积极应对气候变化会带来新兴产业和长期的竞争力,也会有更多健康效益。不同的观点自然导致了不同的政策取向。

四、导致特朗普采取另类能源气候政策的其他原因

特朗普入主白宫后的一系列政策使得他不仅仅全面颠覆了奥巴马的气候遗产,甚至比他的共和党前辈——布什父子在反对气候变化政策方面走得更远,而且顺道撤销了诸多能源环境保护措施,其动因需要更加努力地去理解。

小布什政府退出《京都议定书》时给出的原因和美国国内政治的复杂性可以部分解释特朗普政策的动因,但不能解释全部,需要从更宏大的背景和更细致的个人

因素方面去探究,而后一个视角是较为罕见的。

如何看待美国在全球化进程中的得失? 从美国人的角度看,美国丧失了原有的优势地位:经济总量虽暂居第一但被超越指日可待、制造业空心化、贸易逆差越滚越大、经济增长和就业都萎靡不振。此外,新世纪以来的美国在中东、北非地区发动的局部战争更使美国元气大伤。国内认为美国到了"适时收缩""韬光养晦"阶段的声音逐渐高涨。在奥巴马时代,"向内"的收缩战略已经初见端倪①,特朗普则走得更远更快。从全球范围看,经过多年的发展,全球化及全球治理进入了"失灵"阶段,导致全球层面秩序的紊乱②,反全球化的浪潮从发展中国家向发达国家蔓延,非常容易出现贸易保护和投资保护,从而影响气候变化政策取向。特朗普的出现恰逢其时,适时地迎合了目前的潮流性趋势。

除了社会背景,特朗普的政策与其个人性格和他周边的"小圈子"同样关系密切。特朗普并非传统意义上的政治家,也不是典型意义上的共和党人,而是出身传统行业(房地产)的商人,个人色彩浓烈。一方面,特朗普试图塑造出"言行一致"的总统形象,继续赢得支持他的选民,进而赢得中期选举和第二任期;另一方面,作为务实的商人,特朗普注重传统行业,他认为美国的能源产业目前仍具有比较优势,无论是资源还是技术都具有可观潜力,如果能进一步降低成本,那么实现制造业回流、扩大出口指日可待。此外,特朗普本人爱憎分明、睚眦必报,个人的恩怨情仇难免公报私仇,因此出现了对奥巴马政策的"两个凡是"。总之,特朗普不是典型和成熟的政治家。

"小圈子政治"对特朗普同样具有重要影响。根据美国政治制度的设计,总统在涉外事务方面拥有很大的自主权(但特朗普的外交权限已经受到限制),因此特朗普的个性特征将在这个领域得到突出的展现。在气候变化问题上,对他观念形成具有重大影响的是他的"小圈子"——如具有争议的(前)白宫首席战略顾问史蒂夫·班农、(前)EPA 署长斯科特·普鲁伊特以及他的女儿、女婿。特朗普直到 2018 年 8 月才任命白宫科学顾问,创下了该职位空缺长达 19 个月的历史记录。

---

①　赵明昊. 迈向"战略克制"——"9·11"事件以来美国国内有关大战略的论争[J]. 国际政治研究,2012(3):133-162.

②　秦亚青. 全球治理失灵与秩序理念的重建[J]. 世界政治与经济,2013(4):4-18.

第三节　其他主要缔约方气候政策的变化和发展

一、欧盟及其成员国

1. 欧盟

(1) 针对美国宣布退出协定的立场性表态

欧盟一直是气候变化行动的积极倡导者。2017年6月1日,欧盟针对美国退出协定发表声明,对美国的选择深表遗憾。欧盟将继续领导世界共同应对气候挑战,并继续为贫穷与弱势国家提供援助。欧盟将加强已有的气候伙伴关系并寻求新的合作伙伴,同时,欧盟也会加强与美国私人部门的合作。而且欧盟坚信美国领导力的空缺将会被填补。当天,欧盟与非洲发表联合声明,强调了双方对于协定的重视,并表明气候变化与可再生能源发展将依然是当年欧非峰会的重要议题。在2017年7月10日的德国G20峰会上,欧盟官方的报道表示;关于气候问题,领导人们注意到美国决定退出协定这一事实,而其他二十国集团成员的领导人则表示协定是不可逆转的。2017年以来欧盟、加拿大与中国共同组织了三次特别针对气候变化的高级别对话(分别在2017年9月、2018年6月和2019年6月),提振了全球捍卫协定的决心。

在美国宣布退出协定的当年,欧盟对于提高力度的呼声不予呼应。早在哥本哈根会议之前,欧盟就提出了《议定书》第二承诺期(KP2)减排目标:即2020年减排20%(相比1990年)的无条件目标;如果能达成一个全球减排的协议,这个减排承诺可进一步提高到30%。在主要国家都提出了2020年前的国家适宜减缓行动(NAMAs),并且针对2020年后的全球行动协议已经顺利达成的现实面前,欧盟裹足不前。在2017年的COP23上,欧盟一再宣称,到2016年欧盟相比1990年已经减排24%,到2020年会达到26%,无论如何欧盟已经提前实现了KP2的减排目标,对30%的目标则避而不谈;针对到COP23还没有批准《多哈修正案》这一问题,欧盟只是轻描淡写地将责任推给波兰,即COP24的主席国。当然欧盟也有苦衷——近几年低碳发展确实遭遇了瓶颈,而且在经济、难民、反恐等事务面前,气候变化难以与之争锋。经过多方协调,2018 年 9 月 28 日,波兰通过了《多哈修正案》,保证了欧盟在 COP24 之前整体批准该法律文书。然而截止到 2019 年 10 月 21 日,批准《多哈修正案》的缔约方达到 134 个,依然不够生效所要求的数量(公约缔约方数量的 3/4)。

(2)长期低碳战略进展

积极的信号是,经过 2017 年的低迷后,2018 年以来欧盟的长期低碳战略目标逐步推进,同时也对中期目标形成倒逼。2018 年 6 月欧盟更新了其能源发展目标,要求在 2030 年可再生能源在终端能源消耗中占比达到 32%(之前为 27%),能源效率相较基准情景提高 32.5%(之前为 27%),而且这两个目标在 2023 年还要进行一次再提高评估。据估计,两个目标的提升将使得温室气体减排量接近 45%。虽然新修订的目标尚未反映在 NDC 中,但欧洲理事会在其 COP24 立场文件中指出,更加雄心勃勃的可再生能源和能效目标将对排放水平产生影响,欧盟及其成员国也将评估这些额外的努力和其他的具体政策。回溯欧盟更新这两个基础性目标的历史,我们注意到其实 2016 年 12 月欧盟就发布了能源转型的纲领性文件"全欧洲人的清洁能源"(Clean Energy for All Europeans),提出了三个基本目标:能效优先、可再生能源技术全球领先、保护消费者公平权益。这个政策性文件为欧盟更新能源目标提供了基础。

2018 年 11 月 28 日,欧洲委员会提出了 2050 年欧洲气候战略建议,题为《人人享有清洁的星球》(A Clean Planet for All)。[①] 该文件包含八种不同的情景,委员会明确表示倾向于 21 世纪中叶达到净零排放的两种情景。这份文件发出了号召欧洲国家、工业界、金融界和民众广泛讨论"2050 净零排放"(net-zero emission)的动员令。很快,2019 年 3 月欧洲议会响应了这份建议,将其纳入决议文件中。又经过一年的准备之后,2019 年 12 月,欧盟委员会发布了《欧洲绿色新政》(*The European Green Deal*)[②],不仅进一步夯实了"2050 净零排放"战略目标,更全面指出欧洲社会发展的综合目标,包括环境治理、经济发展和社会公平,认为这几个目标任务完全可以协同发展。难能可贵的是这份报告建立在广泛的民意基础之上:

---

① European Commission. A Clean Planet for all: A European strategic long-term vision for a prosperous, modern, competitive and climate neutral economy (COM(2018) 773 final)[R/OL]. (2018-11-28)[2018-11-30]. https://eur-lex.europa.eu/legal-content/EN/TXT/? uri=CELEX: 52018DC0773.

② European Commission. The European Green New Deal (COM(2019) 640 final)[R/OL]. (2019-12-11)[2019-12-13]. https://ec.europa.eu/info/publications/communication-european-green-deal _en.

93％的欧洲人认为气候变化是个严重的问题,95％的民众已经开展了至少一项气候行动,79％的民众认为应对气候变化可以带来创新发展。紧接着,《欧洲绿色新政》得到了欧洲理事会的认可;2020 年 1 月,融资规模可能达到 1 万亿欧元的投资计划以及公平发展基金发布,"欧洲气候法"的讨论也进入实质阶段。这几个步骤之间环环相扣,显示出欧洲前行的力量。但也有批评者认为,欧洲越过 2020 年目标(远远达不到 30％的高案目标)和 2030 年中期目标(不足 2℃/1.5℃要求),避重就轻,重点讨论 2050 年长期目标,意在转移注意力占据道德高点,能否实现倒不重要,这种"障眼法"已经妨碍了协定实施细则的磋商。[①]

"2050 净零排放"已得到大部分欧洲国家的认可。已经立法确定、在政策性文件正式提出或正在讨论该目标的欧洲国家见表 2-1 所示。这些目标应指导这些国家修订其 2030 年中期目标,从而推进欧盟提高 2030 年中期目标——从 40％向50％~55％迈进。

表 2-1 "2050 净零排放"目标在主要国家发展情况(不限于欧洲国家,截至 2019 年底)

状态	国家(括号内为实现净零排放年份,没有表示的净零排放年为 2050 年)
已经立法	瑞典(2045 年)、英国、法国、丹麦、新西兰
立法进程中	欧盟、西班牙、智利
出现政策性文件中	挪威(2030 年),芬兰(2035 年)、冰岛(2040 年)、德国、瑞士、葡萄牙、哥斯达黎加
正在讨论	意大利、比利时、捷克、卢森堡、斯洛文尼亚、爱沙尼亚、立陶宛、塞浦路斯、马耳他、加拿大、墨西哥、阿根廷、秘鲁、哥伦比亚

(信息来源：https://eciu.net/netzerotracker)

(3) 气候政策进展

欧盟排放交易体系是欧盟地区的旗舰性气候政策,覆盖约 45％的碳排放。2005—2018 年期间,欧盟排放交易体系涵盖的行业排放量减少了 16.5％(2020 年目标是降低 21％)。[②] 2017 年是自 2008—2009 年危机后经济复苏以来 ETS 涵盖碳排放首次增加的一年,增幅接近 0.2％,这一增长主要来源于褐煤、燃气发电厂以

---

① 樊星,王际杰,王田,高翔.马德里气候大会盘点及全球气候治理展望[J/OL].气候变化研究进展:1-7[2020-04-12].http://kns.cnki.net/kcms/detail/11.5368.P.20200402.1621.005.html..

② European Environment Agency. "EU Emissions Trading System (ETS) Data Viewer."[EB/OL].(2019-07-04)[2019-11-13]. https://www.eea.europa.eu/data-and-maps/dashboards/emissions-trading-viewer-1.

及工业部门的排放量增加;2018 年比 2017 年降低了 3.8%,其中静止源排放降低了 4.1%,但航空排放仍处于快速增长阶段,增幅为 3.9%。由于供过于求,2017 年碳价平均仅为 5.84 欧元/tCO₂e,低价使得低碳燃料转型与工业生产效率提高的驱动力有所局限;2018 年开始回升,平均达到 8.33 欧元/tCO₂e。

2018 年年初,欧盟通过了一项针对排放交易体系第 4 阶段(2021—2030 年)的改革指令①,希望更灵活地调整供求关系,增强政策的有效性。重点包括以下内容。

- 加快欧盟排放交易体系排放上限的下降速率:目前为每年 1.74%,2020 年以后提升至每年 2.2%,最早 2024 年这一数字还将继续提升。

- 重点巩固和调整市场稳定储备(MSR)。该机制于 2014 年提出,目的是减低碳市场上的排放配额过剩,以及提高欧盟排放交易体系抵抗未来冲击的能力。新法规定,MSR 委员会对市场上超过排放额度的吸收能力将增加一倍(目前为 12%),其一旦被触发,将吸收多达 24% 的流通配额,从而提高市场价格。

- 改革免费配额分配机制,充分考虑技术进步因素;原则上发电行业不再允许免费发放配额。

- 创建来源于配额拍卖的"创新基金",以支持开发创新的可再生能源、储能技术和对环境安全的 CCS 技术。

- 创立"现代化基金",用于人均国内生产总值低于欧盟平均水平 60% 的欧盟成员国的公平转型,其资金来自所有配额拍卖收益的 2%。

在欧盟排放交易体系改革达成协议六个月后,配额价格自 2013 年以来首次超过 10 欧元,2018 年 8 月达到 21 欧元。如果这种情况持续下去,受到从 2019 年起 MSR 调整的推动,价格可能达到支持从煤转向天然气所需的门槛。

在一些欧盟国家,欧盟排放交易体系与额外的碳税相互补充。除了北欧国家的碳税外,英国自 2013 年起征收碳税,其特殊之处在于它的功能更多是充当是碳价底线(carbon price floor):当欧盟碳排放交易系统中的碳价格低于英国碳税时,生产者将向财政部支付二者的差额。目标碳价格下限为 30 英镑/tCO₂(33 欧元/tCO₂e),2014 年下调至 18 英镑/tCO₂(20 欧元/tCO₂e)。2018 年 7 月,荷兰政府

---

① European Parliament and the Council of the European Union. "Directive (EU) 2018/410 of the European Parliament and of the Council of 14 March 2018: Amending Directive 2003/87/EC to Enhance Cost-Effective Emission Reductions and Low-Carbon Investments, and Decision (EU) 2015/1814."[R/OL].(2018-03-19)[2019-07-20]. https://eur-lex. europa. eu/legal-content/EN/TXT/PDF/? uri=CELEX:32018L0410&from=EN.

公布了一项法律草案，计划引入最低碳税，从 2020 年开始为 18 欧元，并逐年上涨 2.5 欧元，直到 2030 年达到 43 欧元。瑞典目前的碳税是世界上最高的，约为 131 美元/tCO_2e，德国也拟采取类似手段。

在清洁能源投资领域，2017 年依然不是个很积极的年份。欧盟对可再生能源的投资降至 490 亿欧元（570 亿美元），仅比美国高出 0.9％，为 2006 年以来的最低水平。[①] 这意味着比 2011 年峰值水平降低 58％，低于中国可再生能源投资的一半。这种负面趋势是由于对前两年增长贡献最大的两个国家——英国（相比 2016 年降低 56％）和德国（相比 2016 年降低 26％）的投资大幅度减少。其中德国的减少主要是由于陆上风能成本大幅降低所致（2018 年 5 月的拍卖价格为 0.057 3 欧元/kWh），但整体装机其实仍在增加。自 2015 年以来，西班牙、法国和意大利的清洁能源投资稳步增长，但仍远低于英国或德国。

巴黎会议之后一些国家在较短时间内承诺和讨论淘汰煤炭的最终时间：法国到 2021 年，瑞典到 2022 年，英国、爱尔兰、意大利和奥地利到 2025 年，丹麦、荷兰、芬兰和葡萄牙到 2030 年。这些国家覆盖了目前欧盟煤炭产能的 26％。此外，2018 年担任西班牙生态转型部长的特雷莎·里贝拉（Teresa Ribera）女士发起了关于在西班牙关闭煤电厂的讨论。然而，拥有欧盟煤炭产能约 50％的德国和波兰没能很快做出决定。德国政府经过长时间政治权衡之后才于 2019 年初通过煤炭行业退出计划，并决定于 2035—2038 年关闭所有燃煤发电站，节奏之缓慢几乎相当于自然淘汰。即使迫于压力，在 2019 年 9 月的气候峰会上，德国加入了英国和加拿大发起的"助力淘汰煤炭联盟"，但仍拒绝加入核心成员，因为核心成员的去煤最后时间期限是 2030 年。而波兰仍在计划建设新的燃煤发电厂。

欧盟的另一个重大挑战是没有被 ETS 覆盖部门的排放，特别是交通部门。该领域排放量在 1990—2017 年期间增长了 20.3％，道路交通、国内航空航海排放都呈上升趋势。欧盟正试图以三种方式减少该部门的排放：（1）采用部门低碳目标。2016 年 7 月，欧盟委员会发布"欧洲低排放流动战略"[②]，提出了一些旨在

---

① BloombergNEF. Clean Energy Investment Trends 2019[R/OL]. (2020-01-16)[2020-02-28]. https://data. bloomberglp. com/professional/sites/24/BloombergNEF-Clean-Energy-Investment-Trends-2019.pdf .

② European Commission. Europe on the move：An agenda for a socially fair transition towards clean, competitive and connected mobility for all (COM(2017) 283 final)[R/OL]. (2017-05-31)[2018-01-02]. https://eur-lex. europa. eu/legal-content/EN/TXT/PDF/? uri＝CELEX：52017DC0283&from ＝EN .

使 2050 年运输部门的排放量比 1990 年减少 60％的措施。欧洲议会和理事会于 2018 年 6 月商定的可再生能源指令草案引入了 2030 年可再生能源在运输部门中占 14％的新目标,其中第一代生物燃料的比例限制在不高于其 2020 年份额的 1％以上;(2)对新购车辆引入更严格的 CO_2 排放标准。2018 年 12 月,欧洲议会和理事会同意采用将 2030 年新乘用车 CO_2 排放量相较 2021 年水平减少 37.5％的目标,将新货车的排放标准提高 31％,通过了第一个针对重型货车的 CO_2 排放标准限值(见表 2-2);(3)加快基础设施建设。欧盟委员会要求成员国确保在 2020 年年底之前建立足够的公共充电站(预计每 10 辆汽车对应一个)。此外,为刺激清洁车辆市场,欧盟委员会于 2017 年 11 月对公共部门清洁车辆采购设立了 2025 年和 2030 年的最低目标。

表 2-2 欧盟机动车 CO_2 排放限值

机动车类型	基准年	2020/2021	2025	2030
乘用车	2021	(2020 年达到 95g/km, 2017 年为 118.5g/km)	—	降低 37.5％
轻型商务车	2021	(2021 年达到 147g/km, 2017 年为 156.1g/km)	—	降低 31％
重型车	2019.7—2020.6	—	降低 15％	降低 30％

数据来源:https://ec.europa.eu/clima/news/slight-increase-average-co2-emissions-new-cars-sold-europe-2017-while-co2-emissions-new-vans_en.

部分成员国对低碳运输方式的支持推动了 2018 年上半年电动车辆的销售量增加到超过 143 000 辆——占欧盟销售的所有乘用车的 1.7％。然而,该份额因国家而异,新电池和插电式混合动力车的比例在瑞典达到 5.6％,芬兰为 4.6％,荷兰为 4.2％。欧盟最大的汽车市场德国较为落后,仅占所有新车的 1.8％,略高于欧洲平均水平。这比中国电动汽车市场份额 2.1％要低,更远低于新售汽车基本全部为电动汽车的挪威。要达到与协定兼容的排放轨迹,欧盟需要在 2035 年之前逐步淘汰内燃机车辆的销售。

(4)碳排放前景展望

总体来看,欧盟 28 国的排放量自 1990 年以来一直处于下降趋势,但最近几年受经济危机和复苏影响,波动和徘徊比较明显(见图 2-1)。2017 年排放量(不包括土地利用变化)比 1990 年水平降低了 22％。2015 年排放略有反弹,2016 年虽有所下降但仍高于 2014 年水平。2017 年排放上升趋势持续(当年 GDP 增速达到

2.4%)。欧盟排放下降趋势的暂停也是造成 2017 全球排放比 2016 年上升 2%、改变了 2014—2016 年全球排放平稳趋势的原因之一,因此不能简单地归咎于中国和其他发展中国家(见本书第三章第三节)。初步估计 2018 年排放比 2017 年下降接近 4%。

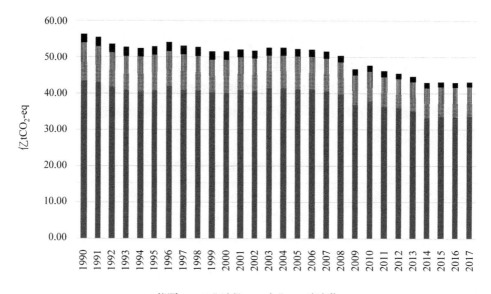

图 2-1　欧盟 1990—2017 年温室气体排放(Source:UNFCCC)

　　根据气候行动追踪组织(Climate Action Tracker)的模型分析,欧盟未来排放量下降幅度仍将走低,即使略有反复。1990 年至 2014 年期间的排放量平均每年下降了 1.0%,但未来到 2020 年下降的速度在 0.8%(EEA 预测)至 1.3%(PRIMES 预测)之间;至 2030 年每年分别下降 0.5% 和 1.3%。根据这两种情况,在 2020 年,排放量预计将在 3.9$GtCO_2$ 和 4$GtCO_2$ 之间(比 1990 年下降 28%~30%);在 2030 年排放量预计在 3.4 $GtCO_2e$ 和 3.9 $GtCO_2e$ 之间(低于 1990 年的 30%~39%)。

　　欧盟提交的 NDC 是 2030 年温室气体排放量与 1990 年相比削减 40%,并初步设立了到 2050 年削减 80%~95% 的长期目标。研究普遍认为该目标与 2℃ 目标是不一致的,与 1.5℃ 目标相差更远。[①] 即便如此,欧盟 NDC 是否能够如期实现仍

　　① Climate Action Tracker. CAT Warning projections global update [EB/OL]. (2018-12-11) [2018-12-12]. https://climateactiontracker. org/publications/warming-projections-global-update-dec-2018/.

然具有一定挑战性。[1] 如前所述,非工业源排放的控制比较困难,例如交通排放。而工业源温室气体排放的控制,与美国一样,更多依靠煤改气,而非可再生能源,这将影响它的长期减排趋势。此外,英国的"脱欧"也将使欧盟失去一个气候政策的坚定支持者和执行者。

2. 德国

德国一直享有"气候领袖"的无冕之称。但是 2009 年以来,德国温室气体排放总量没有明显的下降,个别年份还有反弹,占总排放 1/3 的电力部门排放多年保持不变(见图 2-2)。不包括碳汇,德国 2017 年排放总量只比 1990 年降低了 27.5%(而目标是 2020 年达到 40%)。出现这种结果的最重要原因是电源结构调整力度低于预期,尤其是"去煤"计划执行不力。德国年产煤炭接近 1.9 亿吨,是第八大产煤国,其中褐煤产量接近 1.8 亿吨,是全球最大的褐煤产地(我国褐煤产量大约 1.4 亿吨),褐煤以煤质差、热值低和碳强度高而"著称"——其单位热值 CO_2 排放量比一般烟煤高 10% 以上。几乎全部煤炭都用于发电,时至今日煤炭发电量依然占德国总发电量的 43%(可再生能源占 31.2%,核电站占 14.2%),位居第一。另一方面,从财政考虑,德国从 2013 年开始严格控制光伏建设规模,2015—2017 年三年间,年度光伏装机规模平均约 1.5GW,仅为高峰期的 1/5。此外,供热和交通部门的减排压力也非常大,这两个部分的排放占比达到 40%。德国政府在 2018 年 6 月的官方报告中承认,德国将错过 2020 年气候目标,预计 2020 年只能较其 1990 年排放水平减少 32%,距离目标水平 40% 差距 8 个百分点。目前德国政府采取的策略是尽量淡化 2020 年目标,聚焦 2030 年目标。

"去煤"不力的主要障碍是就业,目前德国煤炭就业人员约为 2 万人(1.5 万煤炭工人以及 5 000 煤电厂工人),"去煤"或征收"煤税"的计划遭到地方政府和工会的强烈反对。[2] 德国政府坚定"弃核"的决心也妨碍了煤炭工业的消减,可以想象"弃核"和"弃煤"一时是难以两全的。但还有一个重要原因是,德国电力出口的比重相当大(2015 年出口 788.9 亿 kWh,占电力生产总量的 12.1%),如果能适当出

---

① VITOR D, AKIMOTO K, KAYA Y, YAMGUCHI M, et al. Prove Paris was more than paper promises[J]. Nature,2017(548): 25-27.

② Oil Change International. Time to stop digging: why German climate leadership requires a rapid phase-out of fossil fuel production and finance[R/OL]. (2017)[2017-12-12]. http://priceofoil. org/2017/11/07/time-to-stop-digging/ .

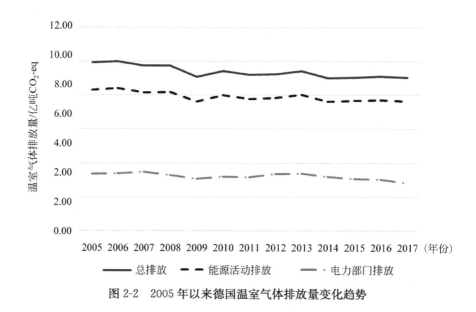

图 2-2　2005 年以来德国温室气体排放量变化趋势

口缩减规模,弃核和弃煤的矛盾并不至于不可调和。

鉴于减排不利的局面,2019 年 3 月德国联邦政府,特别是环境、经济、交通、农业、财政和内政(建筑)各部组成"气候内阁"(climate cabinet),于 2019 年 9 月 20 日商定通过了《2030 年气候保护计划》,重点部署 2030 年目标(降低 55％)的实施。关键政策手段是在交通和供暖领域引入 CO_2 费,2021—2025 年采取价格逐年上涨的固定价格,2026 年后计价规则重新评估。

在欧盟的"2050 净零排放"宏伟目标面前,最早实施能源转型战略(Energiewende)的德国表现相对保守,目前仅仅在 2016 年出版的"2050 气候行动计划"中重申了 2011 年就制定的 2050 年减排 80％～95％的长期目标[①],没有进行更新。如果考虑碳汇,大体可能实现碳中性。在美国为大力发展化石能源产业而严重弱化其气候政策面前,一向积极的欧洲国家在保护本国煤炭产业利益和就业、重新评估减缓力度方面也或多或少都呈现出保守的局面。

3. 法国

法国能源结构优化,低碳转型先行一步,在减排方面压力一向不大。但美国政

---

① HAKE J-F, FISCHER W, VENGHAUS S, et al. The German Energiewende History and status quo[J]. Energy, 2015(92)：532-546.

策发生变化之后,法国内部显著的变化表现在公众和社会团体心态的变化。一直以来欧洲民众和 NGO 的环保意识突出,激励欧盟制定较积极的政策。但 2018 年 11 月爆发的"黄背心"(gilets jaunes)运动对法国乃至欧盟的气候行动势头造成了较大的冲击。该活动源于法国公民对大幅增加柴油税的抗议——过去 12 个月内法国柴油价格上涨了约 23%,且法国总统马克龙计划自 2019 年 1 月 1 日起对柴油加征 6.5 美分税收,对汽油征收 2.9 美分——数十万抗议者穿着法国法律要求在每辆车上携带的黄色背心,在巴黎等主要城市举行示威行动,引发了激烈的暴力冲突。据统计,2018 年 11 月 17 日共 28.2 万名抗议者参与,造成 1 人死亡,409 人受伤;其后的一个月内参与者累计近 50 万人次,465 人受伤,2 157 人被拘留,4 人死亡,众多昂贵店面被砸碎、抢劫或烧毁,累计损失约 100 亿欧元。"黄背心"运动成为法国几十年来最严重的骚乱,同时有向欧洲其他国家蔓延的趋势。

出于对持续性暴力活动的响应,法国总理于 2018 年 12 月 4 日宣布推迟燃油税政策 6 个月,并于次日宣布在 2019 年预算中放弃燃油税措施,冻结了同年的电力和天然气价格。马克龙就任时以碳税为核心的气候政策承诺遭遇严峻挫折。法国的气候立场不得不转向相对保守。美国总统特朗普将此事件归咎于协定的缺陷,两次在推特上发文称协定抬高了能源价格,造成了社会动荡,进而为美国退出协定进行辩护。此次事件不可避免地会对法国或欧洲的短期气候行动势头产生负面影响。

4. 英国

英国气候变化管理机构的变化引人注目。2016 年英国新任首相特蕾莎·梅将能源与气候变化部(DECC)和商业、创新与技能部合并,建立商业、能源与工业战略部(BEIS),同时保留气候变化委员会,作为独立咨询机构,向英国政府和议会提供战略及碳预算建议。这次转变将相对独立的气候体制纳入宏观经济管理部门,可以更好地协调气候政策与工业、商业政策的关系。

英国在 2008 年通过《气候变化法案》,法案确立的远期目标是到 2050 年将碳排放量在 1990 年的水平上降低至少 80%。2019 年 5 月英国新修订了《气候变化法案》,正式确立英国到 2050 年实现温室气体"净零排放"的目标。该法案一个月之后生效,英国由此成为世界主要经济体中率先以法律形式确立这一目标的国家。之后,国内有多家重量级公司宣布 2050 年实现净零排放,其中包括 BP(Britsh Petroleum),这些具有雄心的行动将助力英国主办 2020 年的 COP26(由于新冠疫情影响,该会议已经延期)。

英国与加拿大牵头组织了"助力淘汰煤炭联盟",初期有包括澳大利亚、法国、哥斯达黎加、美国华盛顿州等在内的25个国家和地区参加。这个联盟的宗旨是在2030年前彻底"弃煤"。① 似乎是一个很积极的信号。仔细考量,这个集团的煤炭消费量只占全球煤炭消费量的3%;煤炭并不是加拿大最大的问题,而油气规模生产不断扩大,尤其是碳强度很高的油砂生产才是加拿大温室气体增长速度最快的部门,选择煤炭实在有避重就轻的嫌疑。而在英国,经过四十年的"煤改气"之后,煤电发电量的比重已经下降到20%以下,未来包括页岩气在内的天然气、核电和可再生能源电力还有增长空间。成立这个联盟对发展中国家施压的成分居多。到2019年年中,加入这个联盟的国家增长为32个,另有59个地区及工商企业。

二、伞形国家

以加拿大、日本和澳大利亚为代表分析了伞形国家在美国宣布退出协定后的动向及其NDC实施进展。

1. 加拿大

(1) 立场性表态

奥巴马担任美国总统期间,加拿大气候政策出现了积极的变化,政府计划实施碳价政策,发布了雄心勃勃的《泛加拿大清洁增长和气候变化框架》;加拿大的各省也切实开展和部署了减排、碳税等政策。在特朗普就任后,加拿大的气候政策并没有出现松动。2017年5月5日,加拿大还提高了设备碳排放的报告要求。不过,2017年1月24日,特朗普恢复了Keystone XL美加输油管道计划。在2月13日美加两国领导人签署联合声明,在联合声明中还特别提到两国将继续加强能源合作,推进美加之间的Keystone XL输油管道项目。

在特朗普宣布退出《巴黎协定》当天,加拿大总理即与特朗普通话表示遗憾,并表明加拿大将坚定地执行协定。在当天发布的声明中,加拿大表示将与世界其他国家一道,坚持应对气候变化行动,同时,加拿大也将与美国政府和各界继续在利

---

① Powering Past Coal Alliance：Declaration[R/OL]. (2017)[2017-12-30]. https://www.gov.uk/government/uploads/system/uploads/attachment_data/file/660041/powering-past-coal-alliance.pdf.

益相关的重大问题上保持合作,包括减排问题。2017 年 6 月 2 日,加拿大总理与法国总统通话,表示将继续支持协定。在 6 月 5 日的世界环境日演讲中,贾斯汀·特鲁多也重申了《泛加拿大清洁增长和气候变化框架》与应对气候变化的重要性。同日,加拿大还与智利签署了气候变化的联合声明。在 6 月 6 日,加拿大环境与气候变化部长发表讲话表明了加拿大坚持《巴黎协定》的坚定决心,并表明了气候变化不仅是科学事实,也是经济发展的重要的新增长点。在讲话中,部长批评了美国政府的行为忽略了新经济增长点,简单否认气候变化的事实,并大篇幅地举例强调低碳经济转型将给加拿大经济带来无限机遇,发展低碳经济是面向未来的事业。同时,她也再次重申了加拿大的碳税政策将继续。演讲中也提及:石油与天然气是低碳转型的重要桥梁。在同一天,加拿大总理与德国总理默克尔谈话,表明了将坚定支持协定。6 月 12 日,加拿大环境与气候变化部部长在 G7 环境部长会议致总结辞时展示了加拿大一系列应对气候变化的措施,并对美国宣布退出协定深表遗憾,同时再次强调加拿大将携手各省各州与土著居民,加强协定的雄心。6 月 13 日,加拿大总理与澳大利亚总理会谈表明将坚守协定。6 月 15 日,加拿大宣布低碳基金成立。加拿大政府为基金提供 20 亿美元,供各省各州与土著居民申请,以便实现其《泛加拿大清洁增长和气候变化框架》的承诺与其他减排行动。6 月 19 日,其与印度总理会谈时也表明两国将继续支持协定。6 月 27 日,加拿大任命了新的气候变化大使麦金太尔女士(Jennifer Macintyre),加强与国际利益攸关方合作,推动加拿大在世界舞台上的清洁增长和气候变化优先事项,包括成功实施协定。麦金太尔女士将负责向环境部长、外交部长、国际发展部长和国际贸易部长提供咨询意见,将气候变化考虑纳入加拿大的国际重点工作,加强加拿大与其他国家在气候方面的工作创新解决方案。而建立更强大的国际伙伴关系和支持加拿大清洁技术行业的全球网络正是加拿大在清洁增长和气候变化领域发挥全球领导作用的两种方式。麦金太尔女士曾任全球伙伴关系计划的副主任,负责加拿大在俄罗斯联邦的核安全计划、美国驻德国大使顾问(政府事务)和执行助理、欧亚和欧亚局双边关系与业务司司长、瑞士联邦委员会大使。她于 2017 年返回加拿大,在加拿大环境与气候变化方面担任多边和双边事务代理总干事。

总体而言,在特朗普就任并宣布退出协定后,加拿大表现出罕见的"不跟风"态度,并与中国、欧盟形成了新的部级"联盟",传递积极信号。

(2)加拿大 NDC 进展

加拿大提出 2030 年比 2005 年排放水平降低 30% 的 NDC 目标。在资金方面,加拿大承诺在五年内提供26.5亿美元,在2020年将达到8亿美元,帮助发展中国家建立抵御气候变化不利影响的能力,并实现持续的温室气体减排。2017年5月11日(特朗普宣布退出协定前20天),加拿大提交了修正后的NDC,并没有改变之前30%的说法,但提出要重新考虑土地利用、土地变化和林业(LULUCF)的核算方法,被认为是一种"退步"(departure),更加弱化了NDC的力度。

从历史排放看,加拿大减排成绩乏善可陈,除2009年经济危机排放有所降低之外,排放总体处于上升趋势(见图2-3),除了工业过程排放有所降低,其余部门排放都在上升。这也是加拿大选择退出《议定书》最直接的原因。2013年以来呈现出缓慢下降的态势。2016年比2013年降低3.1%,比2005年降低3.8%,但仍比1990年高13.3%;2017年再次出现反弹,比2016年增长1.5%。特别是,由于油气行业生产规模扩大以及油砂的生产,该部门的温室气体逃逸排放上升幅度也很大,1990—2017年间上升了近12%,占能源部门排放的近10%。这也是加拿大排放比较特殊的地方。加拿大未来还将继续扩大石油(油砂)与天然气的生产,扩展本国消费和发展对美贸易,因此未来固定源的减排仍面临着巨大挑战。移动源排放依然处在上升通道。

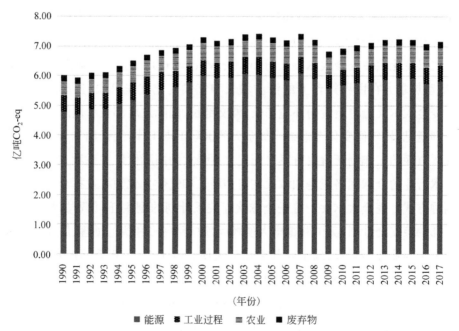

图2-3　1990—2017年加拿大温室气体排放趋势(来源：UNFCCC)

加拿大的能源结构相对优化。2015 年,80％的电力生产来自非化石能源(其
中水力发电占 59％,核电站 16％,风电等占 5％),煤电比例下降到 9.5％。但总体
来看,可再生能源在能源消费总量中的比例不到 20％(2015 年为 17.8％),油气依
然要占据相当大的比重,以水电和生物质能为代表的可再生能源继续发展空间有
限。此外,美加之间的能源合作非常紧密。美国欲携整个北美的资源优势主导世
界能源市场,加拿大的油气资源也在规划之列,未来油气生产规模将超过之前的设
想,能源结构继续改善的政治意愿也降低,可以预见能源结构未来不会发生大的变
化。加拿大 NDC 的实现难度很大。

2. 日本

日本的 NDC 是 2030 年排放比 2013 年降低 26％。从排放水平看,2016 年
CO_2 排放(13.07 亿吨)比 2013 年降低了 7.3％,而且下降的势头一直持续到 2017 年
(比 2013 年降低了 12.4％),似乎有积极的态势。但 2018 年 5 月发布的日本第五
次基本能源计划草案(Basic Energy Plan)让世人感觉日本要重回"煤炭"怀抱。[①]
该计划着重阐述了电力发展规划:到 2030 年,核电发电比例 20％~22％,可再生
能源 22％~24％,包括煤电在内的火力发电仍将占 56％,其中煤电的比例大约在
26％左右(见图 2-4),仅比目前水平降低 3~4 个百分点。而此前日本提出到 2030
年核电占比 50％、煤电比例降低到 10％以下的目标。在这个计划下,全球碳项目
研究团队(GCP)认为到 2030 年日本的煤炭装机将新增 17GW,新增 CO_2 排放 1 亿
吨。日本政府似乎对已经提出的 NDC 完全不在意,电力规划的核心是保障供应和
成本可接受性,忽略环境因素,与美国类似。美国的影响再一次显现。

2019 年 6 月日本发布了《巴黎协定》所要求的长期战略。长期目标的表述与
协定类似,即争取在 21 世纪下半叶实现低碳社会,2050 年温室气体减排 80％。这
个没有任何雄心的长期战略被国际社会广泛批判。[②]

3. 澳大利亚

澳大利亚是发达国家中能源结构相对重的国家。2015 年煤炭消费量约为

---

① エネルギー基本計画(案)[R/OL]. (2017)[2017-12-30]. https://www.enecho.meti.go.jp/
committee/council/basic_policy_subcommittee/pdf/basic_policy_subcommittee_002.pdf.
② Climate Action Tractor. Japan[EB/OL]. (2019)[2019-08-12]. https://climateactiontracker.
org/countries/japan/.

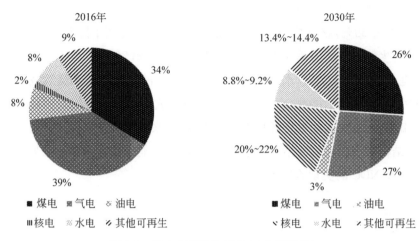

图 2-4　日本电源结构现状(a)和预期(b)

4 290 万吨标油,在一次能源消费总量中的比重达到 34%,62.9%的电力消费量来自煤电。过去很长一段时间澳大利亚气候政策反反复复,2013 年新政府主政以来,提出了 2030 年比 2005 年排放总量下降 26%～28%的 NDC 目标,不仅缺乏力度,而且实现途径也非常模糊。2014 年政府宣布放弃碳税措施以来,澳大利亚排放处于上升阶段。

　　2018 年 8 月以来,澳大利亚政府再一次发生变动,新政府主政不久即宣布放弃澳大利亚的以"国家能源保证(National Energy Guarantee)"为代表的温室气体减排政策,转而专注于减少公众的能源账单。专家评论此举显示澳大利亚是第一个明确追随特朗普政策的国家[①],尽管步出协定的行动显得悄无声息。

三、印度、南非和巴西

1. 印度

　　印度曾一度被认为是气候变化谈判的"顽固者"与"阻碍者"。曾经认为国际气候谈判是对印度主权严重威胁的莫迪总理,近年改变了看法,签署了协定。莫迪总理希望开创一个发展的新范式——在消除贫困的同时限制化石能源的使用,即助力印度已经开始的转型,又能在成功后将这个范式推广至全球。印度的 NDC 目标

---

　　①　MORTON A. Australia has no climate change policy again[J]. Nature, 2018(561)：293-294.

是到 2030 年将碳排放强度从 2005 年的水平基础上下降 33％～35％,非化石能源在能源结构中的比重提高到 40％(目前为 30％左右,由此在 2022 年增加 175GW 的可再生能源生产能力),通过加强造林力度,增加 25 亿～30 亿吨的碳汇。有研究对这个 NDC 的评价是"政策很细致,但目标比较模糊"。

(1) 政治立场:坚定表态

印度官方对协定表现出了坚定支持。2017 年 6 月 2 日,印度环保部长表示:无论其他国家如何行动,印度都将坚持《巴黎协定》。部长表示这是总理的立场,印度将尽最大努力解决气候变化的相关问题。在 6 月 6 日的印度外长新闻发布会上,印度外长否定了特朗普的言论——发展中国家从协定中得到了数以亿计的金钱的好处。她强调,印度并没有从协定中得到金钱,也不是因为受到了外界的压力。印度签署协定是因为印度对自然有着超过 5 000 年的尊敬的历史,保护自然是根植于印度信条中的。无论其他国家如何行动,印度都将继续坚持协定。同时,她也强调美国在协定上的决定不会影响美印关系。6 月 19 日,印度总理与加拿大总理会谈时也表明两国将继续支持协定。7 月 7 日,在 G20 峰会上,印度总理莫迪强调印度将坚决执行协定;同时,他还表示金砖领导人将在应对气候变化与打击恐怖主义方面发挥重要作用。

印度在可再生能源的发展方面富有雄心。根据《印度斯坦时报》,在签署协定八个月前,印度已经安装了 77GW 的可再生能源。当时,平均每个印度人在新能源方面支出占全部支出的份额是美国的 1.5 倍。到 2022 年,印度旨在将可再生能源能力扩大至 175GW,"尽管其经济规模比德国小 1/3,但将不久将建成相当于德国的可再生能源产能"。

(2) 不确定因素

虽然许多印度媒体都发表标题为"印度不会跟随美国脚步"的文章,虽然印度官方对协定表达出了坚定支持,虽然在目前各国领导人支持气候变化的演讲中,常将印度的新能源计划与太阳能创下新低的竞标价作为例子。但是,美国的政策仍可能对印度造成不小影响。

首先,印度重视与美国的关系,且美国与印度又开展了最新的能源合作。在印度外长的讲话中,印度外长批评了特朗普"印度在协定中获得了金钱利益",但是她也强调美国的气候政策不会影响美印关系。2017 年 6 月 26 日印度总理莫迪访问美国期间,美印签订联合声明,印度《经济时报》报道称,会晤期间,莫迪、特朗普强调了深化能源战略合作与支持能源企业融资的重要性。根据两国发表的联合声明，美国计划向印度出口更多的天然气、清洁煤、可再生能源资源和技术，以满足印度日益增长的能源需求，加强两国联系。在特朗普的讲话中提到："我们即将签订一个长期的天然气出口协定，使美国的能源可以支持印度的经济发展。"莫迪表示："特朗普重申美国继续消除对能源发展和在美投资的壁垒，美方将更多地出口天然气、清洁煤、可再生能源，以推动印度的经济增长和包容性发展。"印媒表示，期待美国西屋电气和印度核电公司（NPCI）即将签署的在印建 6 座核反应堆的协议及相关融资条款。两国领导人呼吁采取合理方式，平衡环境气候政策、全球经济发展和能源安全。彭博社援引特朗普的话称，美国计划向印度出口更多液化天然气（LNG），正就提高价格展开谈判。据悉，印度天然气输运和销售公司（GAIL）将在未来 20 年从切尔能源购买 350 万吨 LNG/年，还在 Cove Point LNG 终端预订了 230 万吨的 LNG 处理量。"美印间这样长期的天然气合同并不是首次签署。"彭博新能源财经能源分析师安娜塔西亚·迪亚耶斯（Anastacia Dialynas）说，"自从 2016 年以来，美国已向印度提供了 240 亿立方英尺天然气，而且这一数字还在不断增加。"一位白宫官员 2017 年 6 月 23 日对外透露，扩大 LNG 将成为美国"能源优势"的主题。特朗普正策划大幅调整美国的能源政策，把天然气出口作为一项贸易政策工具，支持对中国和亚洲其他地区出口天然气，以创造就业并减少美国贸易赤字。

值得玩味的是，在 2017 年 6 月两国领导的 3 天会面中，在公开场合并未提及气候变化。莫迪发表在《华尔街日报》上的评论也没有提到协定，仅表示将深化可再生能源、天然气、核能和清洁煤领域合作。世界资源研究所分析师马尼希·巴布纳（Manish Bapna）表示，"缄默意味着没谈拢，而不是不感兴趣。"

其次，印度主流媒体仍存在着"气候帝国主义""气候治理制约经济发展"的言论。比如，有印度媒体认为美国的气候决定可能会帮助印度，因为印度在实施协定中面临着许多困难；《巴黎协定》是西方帝国主义的又一体现：一方面发达国家已经提前超额占据了排放权；另一方面又以道义为由，要求发展中国家减排，同时还限制发展中国家可以获得的投资。印度必须在消除贫困的同时还要限制化石能源的使用，这是一条从未有国家走过的道路，印度需要自己开辟这条道路，与此同时，这一切的努力都会在全球的监视下进行。但是当前，美国开始反其道而行之，转向发展传统化石能源。比如其最近对印度出口化石能源，也许会帮助印度突破发展的限制，打破这种气候帝国主义。

还有媒体认为印度当前经济形势疲软，对煤电需求下降，因此不存在减排与发展的权衡取舍，未来一旦经济腾飞，莫迪就需要在经济发展与气候承诺方面进行抉择。而且,当前印度仍有数亿人得不到电力供应,而且制造业也在萎缩(部分由于电价过高导致)。在这些问题没有解决之前,印度不可能真正做出气候承诺。同时,印度很可能无法真正达成自己的新能源承诺。首先,印度希望在 2022 年之前新增 100GW 的太阳能容量。但是即使在 2017 年这样势头良好的年份,才新增了 10GW 左右的容量。虽然很多公司最近一直在招揽太阳能发电厂,但是拍卖所形成的可再生能源低价格是不可持续的。如果泡沫在未来几年内破灭,其中一些公司将会破产,投资者可能因此离开,数千兆瓦的太阳能发电来源将就此消失。其次,可再生能源项目与新的煤电厂电力生产的成本高低存在极大不确定性,很大程度取决于政府的主观意愿与实际行动。为了确保可再生能源的低价,政府必须执行繁重的环境法规,而且,煤电厂厂主也必须提前有这样的预期。但是,如果印度政府并没有执行法规,换句话说,如果印度政府并没有那样的雄心去实现协定,就不会有市场力量推动协定的实现。最后,即使中央政府想促进绿色能源,新煤炭项目没有竞争优势,但不排除个别企业可以通过"关系"使行政当局让步,放松环保法规,使煤电项目有利可图。总之,印度媒体中存在着"气候帝国主义""气候治理制约经济发展"的言论,同时认为印度很可能无法实现新能源目标,并借着美国退出来减弱自己的气候承诺。

从最新的发展态势看,印度到 2022 年完成 175GW 可再生能源发电装机建设的目标很可能无法实现。到 2019 年,印度的可再生能源发电装机为 64.4GW(其中风电 35.6GW,太阳能 28.8GW),考虑到在建项目,到 2022 年,可能再新增 40GW,从而达到 104GW,原定目标的完成率大约只有 60%[①],呈现"高高举起、轻轻放下"的趋势。主要原因是政策不稳定、企业拿不到预期的拍卖收益以及上网电价走低——例如,太阳能发电上网电价在 2018 年 12 月还维持在 2.93 卢比/kWh 的水平,到 2019 年已经降低到 2.65 卢比/kWh,但土地等成本还在上升。

最后,民众态度值得玩味。据《印度快报》援引美国皮尤公司一份调查显示,32%的印度受访者对特朗普退出协定的决定表示支持,在受调查的 37 个国家中,印度受访者对特朗普这一争议决定的拥护比例最高。分析称,莫迪与特朗普之间的友好关系似乎强烈反映在了印度民众对这位美国总统的领导能力及政策措施的看法上。

总而言之,印度一向是气候谈判中的坚决的"保守型"国家,不希望气候协定影响到国家内政,印度本身的 NDC 言辞也较模糊,实现难度说小不小、说大不大。再加上领导人多次强调印度将坚持协定,因此,印度完成其在协定上的承诺应该不成

---

① CRISL. Return to uncertainty[EB/OL]. (2019-10-06)[2019-12-10]. https://www.crisil.com/en/home/our-analysis/reports/2019/10/return-to-uncertainty.html .

问题。但是，印度在政治上有"亲美"倾向，而且又与美国签订了天然气、清洁煤等能源合作协议。而且，印度的当前发展阶段与对治理气候变化与国家发展的认知局限导致了其"防守型"的气候行动思想。因此，印度在气候行动上未来受美国的影响可能较大，而且在气候行动中发挥"领导作用"的可能性几乎没有。

2. 南非

南非的 NDC 目标为在 2030 年温室气体排放较基准情景减少 0%～35.8%。在美国退出协定后，南非政府即发表声明表示对美国退出协定表示深深的遗憾。在声明中，南非政府强调了气候变化问题的严峻性与协定的意义。同时，申明认为美国退出协定不仅是对人类共同体的全球责任的放弃，更对多边主义、法治和国家间的信任造成了破坏。南非表示将坚定不移地执行协定中的承诺，并且明确表示不会重启谈判。同时，南非也对未来更充满信心，他们肯定了过去美国政府与当前美国各界为气候变化付出的努力，因此呼吁美国重新考虑自己的立场并重新回到多边谈判中。

2017 年 6 月 23 日，南非环境部长出席了在天津召开的气候部长会议，在会议上强调了南非重视可持续发展与低碳发展。埃德娜·莫来瓦（Edna Molewa）部长说："南非的短期、中期与长期愿景是建立环境可持续的、低碳的、可应对气候变化的以及公平的社会。"南非已经实施了"气候变化响应"政策。部长还表示："我们相信，国际合作将会继续，各国将鼓励和相互支持实施其 NDC。而且，南非认为，NDC 的实施也将助力社会经济发展和消除贫困。我们的主要挑战不仅是减少目前的排放，更是避免未来的排放以及避免气候变化对我们发展造成影响。"

祖马总统在对同年 7 月 7 日的 G20 峰会的评论中说道，尽管各国气候和能源问题上有分歧，比如美国决定退出《巴黎协定》，但多数领导人仍然坚持巴黎的减排承诺，因为它是解除气候变化威胁的最佳机会。总统说，领导人重申对《巴黎协定》的坚定承诺，同意全面执行协议，并同意"20 国集团汉堡气候与能源行动增长计划"。"我们必须善于履行过去的承诺，最重要的是，动员财政资源、技术转让和能力建设，以应对缓解和适应需求，特别是在受到气候变化影响最显著的非洲。非洲的基础设施投资对其发展至关重要，其中可再生能源投资将起到重要作用。我们支持 20 国集团努力以技术上可行和经济上可行的方式向可持续和低温室气体排放能源系统转型，特别是在发展中国家。我们也希望重申我们对清洁化石燃料技术和核能的支持。"

在 2017 年 7 月 17 日的高级别政治论坛上，埃德娜·莫来瓦部长再次表达了对可持续发展目标与气候变化的关切。部长首先强调了农业生产与气候变化的密切关系,她也强调了全面执行包括损失危害在内的 NDC 的重要性。同时,部长也强调了发达国家的责任:"发达国家必须继续履行其历史性义务和责任,作为在全球发展伙伴关系背景下作出的承诺的一部分。没有这些承诺的执行,我们将无法实现气候目标。"

总而言之,南非对协定表示了坚定支持,并且强调损失危害与发达国家的责任。其对美国退出发表的声明中,对美批评的言辞要比其他国家更加严厉。

3. 巴西

巴西于 2016 年 9 月批准了协定。巴西的 NDC 目标为到 2025 年温室气体排放较 2005 年减少 37%,到 2030 年温室气体排放较 2005 年减少 43%。

在美国宣布退出协定后,巴西外交部与环境部发表联合声明,对美国政府表示深切担忧和失望。巴西担忧美国此举会对国际对话和多边合作造成负面影响,不利于解决当前国际社会的问题。巴西重申,将严格执行协定的相关要求。在圣保罗举办的 2017 巴西投资论坛上,与会的商界人士也对美国这一举措表示失望。比如,诺维信集团总裁彼得尼尔森表示:协定是伟大的,它绝对是最后的机会,绝对是非常重要的。我也同样了解它背后的政治过程,这确实是一个伟大的进步。我也为一些国家的退出表示出深深的遗憾。

在 2017 年 7 月 5 日 G20 会议召开前夕,巴西环境部长萨尔内·菲略在接受采访时表示:"我们认为,G20 将重申对协定承诺,并关注全球变暖的问题。巴西将充分履行协定的承诺。"巴西经济部长说,大多数国家都在关注气候变化,并决心履行本协议的条款和建立低碳经济。7 月 4 日,政府公布一项计划,鼓励亚马孙和大西洋的 70 个市的农场采用低碳技术,并表示将为其提供财政支持。同日,巴西旨在保护森林与应对气候变化的技术委员会召开了第一次会议。7 月 11 日,巴西和南非公布了深化在南大西洋科学研究合作的项目文件。该科学计划确定了三个关键领域:气候变化,生态系统过程可变性的控制以及海洋生物资源和矿物质,如生物多样性。该文件强调了大西洋的经济和两国的社会相关性,认为气候变化对海洋的影响是多重的,投射到人类经济活动上,农业活动、矿业、渔业和水产养殖以及运输和旅游都深受其害。"这个计划的发展是极具象征意义的,因为南半球国家已经意识到了要在全球挑战面前进行大规模合作。"南非部长纳莱迪·潘多尔说。

巴西环保部还于 7 月 19 日公布,将建立一个专门针对气候变化问题进行宣传教育的网站,并邀请社会各界广泛参与,为政府与民间行为主体参与气候行动提供信息。门户网站中要讨论的内容有:教育活动、提高公众意识、立法、出版物、课程和活动、信息图、现有机构和论坛。该网站的建立符合《巴黎协定》中倡导的教育与培训以增强公众气候意识等要求。

然而，峰回路转，**2018 年大选期间，巴西的环境政策出现了退化的倾向。**其中两项提案有明显的"反气候"色彩，一是开放亚马孙雨林用于种植甘蔗，二是降低基础设施建设的许可要求。[①] 从数字上看，2008 年到 2012 年间，亚马孙森林砍伐面积降低了 84%，巴西政府备受赞誉；然而到 2016 年这一数字再次上升到 7 893 平方公里，比 2014 年高 72.7%；虽然 2017 年又有所下降（16%），很大原因是需求下降；2018 年这一数字又继续上升，达到 7 900 平方公里。呼声最高的极右翼候选人、被誉为巴西"特朗普"的博尔索纳罗在竞选期间就宣称如果当选就退出协定，当选之后虽然收回了退出协定的许诺，但气候政策仍处于被打压范围。博尔索纳罗政府撤销了罚款、警告、没收或销毁保护区的非法设备等执法措施，导致亚马孙的森林砍伐活动进一步加剧。据《纽约时报》报道，2019 年上半年，巴西主要环保机构的执法行动比 2018 年同期减少了 20%，这意味着国家无法阻止大片热带雨林被摧毁。除此之外，在博尔索纳罗就职的前几周巴西撤销了承办 COP25 的申请，在 COP24 上巴西代表团也一反之前颇具建设性的形象，在一个显而易见的问题（市场机制）上阻击了会议进展。[②] 2019 年夏季亚马孙森林大火让雨林生态遭到几近毁灭式打击。[③] 巴西气候政策正经历最大的变化。

四、小结：《巴黎协定》之后气候世界进入准分裂阶段

《巴黎协定》的高光之后，气候世界很快出现了裂化，分裂的导火索是美国。美国宣布退出协定虽然没有带来工业化国家"一呼百应"的风潮，但各国在低碳发展道路上各有各的特点和"难处"，立场犹豫或略有退化。发达国家的普遍挑战是完成各自 NDC 的难度都不小，包括欧盟在内——"去煤"不力，没有被欧盟碳排放交易体系覆盖的部门减排遭遇持续挑战。即使欧盟在"2050 净零排放"长期目标上显露出雄心和领导力，中近期目标的吃力显示出路线图的不清晰弱点；德国"弃煤""弃核"短期难两全，法国"能源民粹主义"崛起，英国绝尘而去，对欧盟气候行动的

---

① JEFF T. Brazil's lawmakers push to weaken environmental rules[J]. Nature, 2018(557): 17.

② 高帅，李梦宇，段茂盛，等.《巴黎协定》下的国际碳市场机制：基本形式和前景展望[J]. 气候变化研究进展，2019，15 (3)：222-231.

③ AMIGO L. The Amazon's fragile future[J]. Nature, 2020(578)：505-507.

总体影响是负面的①,"后进"成员国的掣肘也难以解决。加拿大的《泛加拿大清洁增长和气候变化框架》显示了前所未有的政策雄心,但其能源转型难度大,更受到美国能源政策的影响,油砂、页岩油等高排放能源产量还将增加;日本实现 NDC 的成本超出可接受范围。此外,澳大利亚出于政局的变化,气候政策更是反反复复,虽然没有退出协定,但几乎可以确定已经放弃对 NDC 的执行。②

　　以"基础四国"为核心的发展中国家依然坚持在"可持续发展"的框架下应对气候变化,基本立场没有变化,但各国国内政策的变化也是显著的。巴西的政策出现一定程度的逆转。值得玩味的还有印度的民间舆论和呈现停滞状态的可再生能源发展。中国的应对气候变化组织机构发生了重大调整,气候政策还未完全走出调整期。此外,中印与美国广泛开展的化石能源合作也将为低碳发展带来杂音。

第四节　巴黎会议后形势变化对气候治理进程的影响

一、对低碳发展的影响

　　课题组特别选择了美国进行定量研究,分析其政策变化对本国低碳发展的影响,并定性分析了美国立场变化对中国低碳发展的影响。

1. 对美国能源发展和低碳发展的影响

（1）美国能源发展和温室气体(Greenhouse Gas,GHG)排放现状

　　根据美国能源信息署(EIA)数据,2018 年美国年能源消费总量 36.40 百万吨标煤(Mtce),比 2005 年增加了 1%(见图 2-5),发电量与 2005 年相比略有增加(图 2-6);能源活动 CO_2 排放降低了 14%,相当于年均降低一个百分点,而同期国民生产总值(GDP)增长了 24%,碳强度(单位 GDP 的 CO_2 排放量)下降了 29%(见图 2-7)。整体来看,能源部门减缓成绩的取得与能源结构调整、能源效率的提升有

　　①　BOCSE A M. The UK's decision to leave the European Union (Brexit) and its impact on the EU as a climate change actor[J]. Climate Policy, 2020, 20(2)：265-274.

　　②　Editorial. Climate politics[J]. Nature,2018(561)：5-6.

密切联系。煤炭在一次能源中的比例从 1990 年的 22.7% 下降到 2018 年的
13.1%，而天然气则从 22.6% 上升到 30.6%，非化石能源从 14.4% 上升到 19.7%，
电源结构的优化也非常显著（见图 2-6）。但另一个趋势是，2018 年的能源消费比
2016 年增长了近 4%，是近年来涨幅最大的一年。除了煤炭之外，其他能源消费都
呈现上升趋势，可再生能源和天然气涨幅都在 10% 左右，CO_2 排放下降幅度比
2016—2017 年有所放缓，排放强度持平。

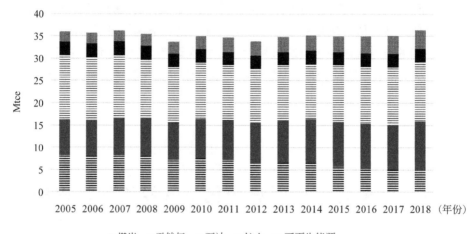

图 2-5　美国能源消费总量和结构

（数据来源：作者绘制，数据来自 EIA）

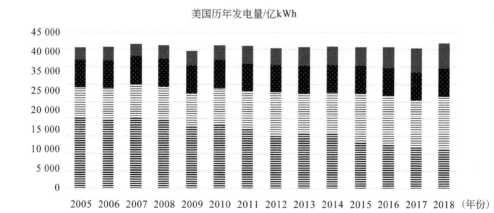

图 2-6　美国电源结构

（数据来源：作者绘制，数据来自 EIA）

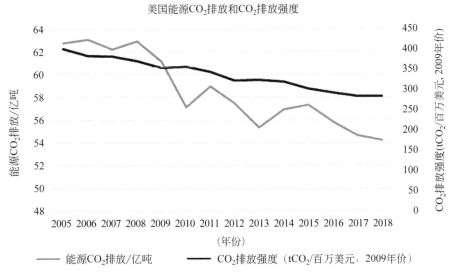

美国能源CO₂排放和CO₂排放强度

图 2-7 美国能源活动 CO_2 排放总量和强度

（数据来源：作者绘制，CO_2 数据来自 UNFCCC，CO_2 排放强度数据来自 EIA）

更详细的部门排放数据说明，2017 年公用电力部门排放比 2005 年降低了 29.8%[①]，但同期能源活动 GHG 逃逸排放增长 0.63%（见图 2-8）。逃逸排放在能源活动中占比不到 6%，通常被忽略。但在美国能源政策调整、大幅度提高油气产量特别是非常规油气产量且放松环境管制的背景下，这部分排放可能大幅度上升，直接影响美国排放轨迹和低碳发展。

（2）美国的低碳发展目标

美国的低碳发展目标包括两部分，一部分是全经济范围减排目标；另一部分是能源部门减排目标，具体见表 2-3 所示。

表 2-3 美国低碳发展目标

目标范围	2020 年	2025 年	2030 年
排放总量	−17%（基年：2005）	−26%～−28%（基年：2005）	—
电力部门 CO_2	—	—	−32%（基年：2005）
油气系统 CH_4 排放	—	−40%～−45%（基年：2012）	—

———————————

① 文稿撰写时 2018 年部门排放数据尚不可得.

美国温室气体排放（Mt）

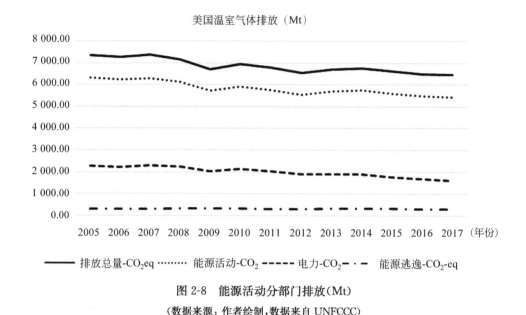

图 2-8　能源活动分部门排放(Mt)

（数据来源：作者绘制，数据来自 UNFCCC）

（3）影响分析方法论

总体思路："抓大放小"。 基于美国的政策调整，选择对"关键排放源"（目前排放量大或者未来可能有快速发展的排放源）有重大影响的政策调整进行分析。这里特别选择撤销 CPP 以及扩大化石能源生产并取消环境管制这两大政策进行定量分析。公用电力的排放占美国能源活动排放的 1/3 以上，已经引起了所有相关研究的关注；化石能源开采、加工和运输过程中的温室气体逃逸排放（CH_4 和 CO_2）减排难度较大，目前占比虽不大，扩大生产可能带来排放快速上升，但尚未引起研究人员的关注。本研究对此进行了重点研究。

情景设计： 这里设计了三个排放情景。第一，奥马巴情景，即 2016 年已经实施的政策持续下去，CPP 也包括在内。还包括轻型车燃油经济性标准、重型车燃油经济性标准（第一阶段）、家用电器标准、建筑能耗标准等。第二，NDC 情景，即 2025 年基本实现减排 26%～28% 的目标。所需要的政策不仅仅是延续 2016 年已经实施的政策措施，还要追加额外政策，例如重型车标准（第二阶段）；油气系统逃逸排放限制、填埋气治理等；由于不具有现实可行性，此情景只作为参考，不进行详细的能源发展情景分析。第三，特朗普情景：撤销 CPP；扩大化石能源生产（相应削减可再生能源投资）；取消油气系统排放管控。

数据来源： 为了定量分析美国能源发展路径和相关排放，通过广泛的数据收集、整理和校核,建立起美国社会经济数据库、金融贸易数据库、能源技术和能源成本数据库。由于相关研究(关于美国的排放路径和缺口)已经非常广泛和集中,课题组对多方面的数据和研究成果进行了整合,包括:

——美国能源展望2017(AEO-2017)以及美国能源展望2018(AEO-2018)的数据部分;

——美国第六次信息通报(NC6)和第二次双年报(BR2);

——世界能源展望2017(WEO-2017);

——美国历年温室气体排放清单,特别是逃逸排放清单和相关研究;

以上数据是课题组建立美国能源发展情景和排放情景的主要依据。

(4) 分析结果

从能源发展情景和排放情景两个方面进行结果呈现。

能源发展情景:在2025年和2030年,特朗普情景下的能源消费总量将比奥巴马情景高1.47%和2.75%(见图2-9),增加的原因主要在于CPP的去留:有CPP的情景下,由于电价的变化,需求端的电力消费有可能有所下降,反映到电力生产中,即是电力生产所需能源下降(见图2-10)。更显著的变化可以在能源结构中看到。在奥马巴情景下,2030年煤、油、气、非化石能源的比例分别是11.7%、36.3%、30.8%和20.9%,相比2015年煤炭比例下降了4.3个百分点,非化石能源上升幅度超过4个百分点,石油也有所下降,天然气上升了1.7个百分点。而在特

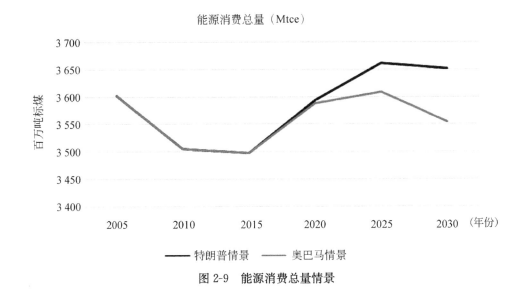

图 2-9　能源消费总量情景

朗普情景下,相应的比例分别为 15.4％、35.5％、29.1％和 19.6％。与奥巴马情景相
比,变化最大的是煤炭比例,非化石能源增长速度也放缓(见图 2-11)。电力装机也
发生类似的变化(见图 2-12)。

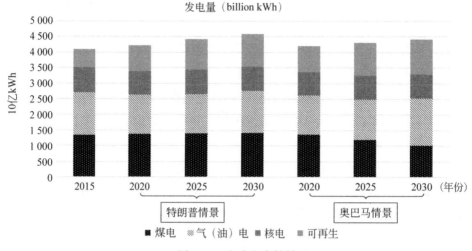

图 2-10　电力生产情景

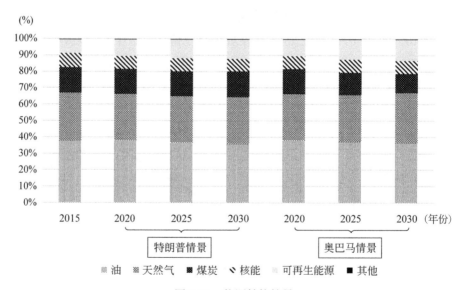

图 2-11　能源结构情景

　　能源燃烧 CO_2 排放情景:在奥巴马情景下,2025 年和 2030 年能源活动 CO_2 比
2005 年降低 12.4％和 15.7％(见图 2-13),其中电力部门排放分别降低 30.6％和

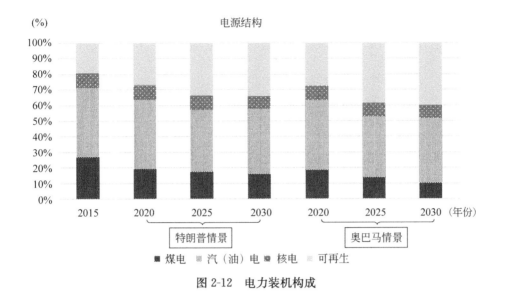

图 2-12　电力装机构成

35.7%(见图 2-14),能够实现电力部门 2030 年减排目标,但 NDC 实现有重大挑战;在特朗普情景下,2025 年和 2030 年能源活动 CO_2 比 2005 年降低 9.1%和9.7%,其中电力部门排放分别降低 22.6%和 21.2%,降幅大幅度低于奥巴马情景。

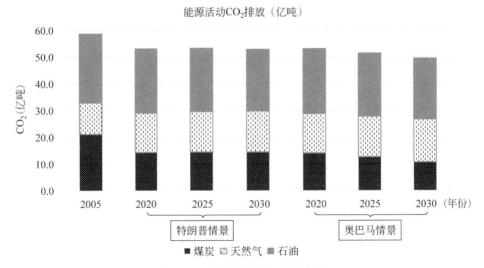

图 2-13　能源燃烧 CO_2 排放情景

能源生产温室气体逃逸排放情景:由于化石燃料开采、生产、加工规模将明显上升,其中的非常规油气比例进一步扩大,环境监管同时放松放宽,温室气体的逃逸排

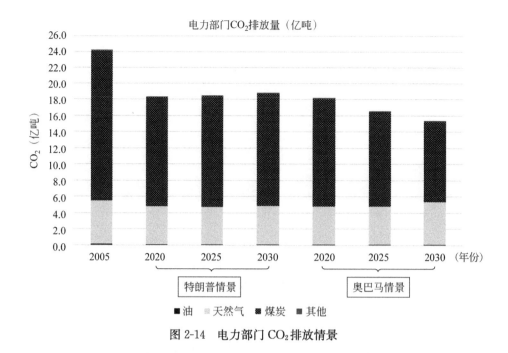

图 2-14　电力部门 CO_2 排放情景

放也将明显上升。情景分析结果表明,与奥巴马情景相比,特朗普新政带来的额外排放可能高达 2 亿吨 CO_2-eq,几乎与有无 CPP 所带来的影响相当(见图 2-15)。

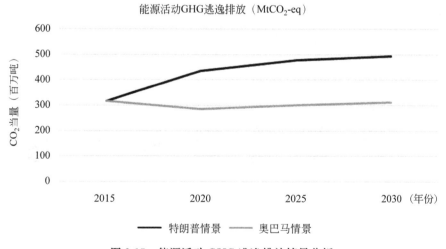

图 2-15　能源活动 GHG 逃逸排放情景分析

全口径温室气体排放情景:在其余部门排放水平保持与美国第二次双年报(BR2)一致并按照平均水平选取碳汇的情况下,如果没有额外措施,奥马巴卸任之前的政策也不能保证 2020 年和 2025 年目标的实现,这两个目标年的减排幅度分别是 12.9% 和 13.6%(目标分别是 17% 和至少 26%);特朗普政策将使排放路径反弹,2020 年和 2030 年的减排幅度分别是 10.3% 和 8.0%。2017 年到 2024 年,特朗普情景将比奥巴马情景累积增排 15 亿吨 CO_2-eq,比 NDC 情景累积增排 41 亿吨 CO_2-eq(图 2-16)。

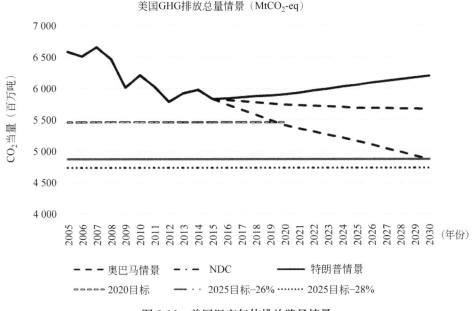

图 2-16　美国温室气体排放路径情景

（5）不确定性分析

如果再考虑到其他因素,特朗普新政下的温室气体排放路径还有变数。美国本身是一个多元化的社会,政治体系存在多重制衡,权力高度分散,社会也高度分化。影响美国国内应对气候变化行动的诸多关键因素并不在特朗普的管控之下,甚至也不在联邦政府的管控之下。美国各州政府具有高度自治权。一些关键州依然在推行积极的应对气候变化政策。截至 2018 年 8 月,美国共有 17 个州宣布加入由加利福尼亚州、华盛顿州、纽约州三州州长在 6 月 1 日发起的"美国气候联盟";407 个美国城市市长承诺将恪守对《巴黎协定》所定目标的承诺[1];成员数量接

① PATRICK S. Climate Mayors：The impact a year after the U.S. left the Paris agreement［EB/OL］.（2018-05-30）［2019-12-10］. https://www. curbed. com/2018/5/30/17411024/paris-accord-climate-change-climate-mayors .

近 3000 个,包括美国的州、市、企业、投资者以及高等院校的名为"我们依然在"的
联盟强调将继续遵守协定;加州担当起美国气候领导者,于 2018 年 9 月 12 日至
14 日在旧金山举办了全球气候行动峰会。美国民众总体反对退出协定的决定,对
清洁能源的支持意愿不减。Reuters/Ipsos 在 2017 年 6 月 2—4 日发起的投票显
示,38%的美国人认同总统的这一决定,49%的人不同意,13%的人认为有待观望。
共和党选民的 79%支持美国退出协定,民主党选民只占 17%。68%的美国民众希
望美国保留全球气候治理的领导地位,72%认为美国需要采取"积极有力"的行动,
64%的人认为美国的对外关系将受损。

此外,市场驱动下的低碳技术发展趋势难以逆转。美国煤炭行业已全面下滑。
由于页岩气技术的进步,煤电在大多数地区已经失去竞争力,天然气发电在成本、
排放等各方面都保持着显著优势(天然气发电厂的发电成本已经降低到 0.07756 元/
kWh,这是煤炭无论如何都无法做到的①,因此,即使没有 CPP,美国也不会再出现
新的煤电厂);可再生能源成本持续下降,相比 2008 年,陆上风力发电和光伏发电
的成本分别降低 40%和 60%以上,在部分地区风电的竞争力仅次于天然气发电;
可再生能源发展为美国带来了数量可观的就业岗位,2016 年光伏发电从业人员达
到 37.4 万人,比 2015 年增长近 1/4,已远超火电行业 15 万从业人员的规模,煤电
行业的就业损失在可再生能源行业得到了充分弥补。2017 年和 2018 年光伏发电
从业人员基本维持稳定。因此,无论美国是否退出协定,美国也不会新建煤电装
机,区别仅在于现存煤电装机的淘汰速度。

此外,退出协定的决定极大地耗损了美国的外交资源和国际影响力。在特朗
普正式宣布退出协定之前,哈佛大学肯尼迪学院著名国际问题教授罗伯特·斯达
文思(Rob Stavins)和前联合国秘书长潘基文联合撰文,认为:在通过国际合作应
对气候变化的紧迫性等级越来越高,而且在协定提供了足够的灵活性的条件下,美
国应该留在协定内。退出协定的决定引发了激烈广泛的国际反对声浪,不仅包括
发展中国家和欧洲国家,也包括美国传统气候盟友"伞形"集团国家,诺贝尔经济学
奖获得者斯蒂格里斯(Stiglitz)毫不客气地批评"美国已经沦为了流氓国家"。

2. 对中国国内低碳发展的影响:凝聚共识的难度增大

与美国现行的能源政策相对比,中国的能源发展内涵已经得到充分扩展。例
如,传统的能源安全观侧重保障供应和维持合理的价位。随着全球化进程的加快,

---

① 韩晓平. 莫名其妙的特朗普能源政策[J]. 能源思考,2017(2):2-5.

能源需求和价格的快速增长,人们对环境问题的担忧与日俱增,能源安全也被赋予越来越多过去不为人们重视的新内涵。仅仅强调保障能源供应、减轻对进口能源依赖的传统能源安全观已不能适应可持续发展背景下人们对国家能源安全的要求,以能源供应安全为主要出发点的传统能源安全观开始逐渐向着综合能源安全观的方向发展,能源安全已从保障国内能源供应的经济问题,成为一个涉及国家安全、国家利益和对外战略等多层面的国家战略问题,同时也成为关乎国际能源供应和能源地缘政治的国际战略问题。专著《能源安全战略》强调能源安全应包含三点:一是合理(增长)的能源需求;二是满足各种需求的持续的、多元化的供应保障能力;三是经济和社会可承受的能源价格和生态环境成本。能源清洁化、低碳化已经成为我国能源安全的重要内容,纵观欧洲各国和其他主要国家,也都无不把绿色清洁低碳作为能源发展和能源安全的核心内容。

此次美国能源政策的重大调整,不仅遏制了已经初见成效的低碳能源发展势头,而且让能源发展和安全的内涵严重收窄,单纯聚焦于价格和竞争力,忽略了可持续发展的内容,特别是其中的低碳因素。如果说还保留了什么的话,就是特朗普在一定程度上还没有抛弃"清洁",因为他强调清洁煤的发展。但清洁不等于低碳。如前所述,与其他国家和他的前任相比,特朗普能源政策的格局和视野都变窄,作为一个超级大国也是相当罕见的。

当然,作为一个超级大国,任何选择对别的国家都有示范意义。对中国而言,在美国完全忽视环境和气候因素的能源政策影响下,在中国已经形成一定共识的能源安全内涵可能受到质疑,绿色清洁特别是低碳的内容将遭遇挑战。中国的煤炭资源相对丰富,煤炭工业也是中国的支柱产业之一,产业工人 500 万左右(另有电力行业 300 万劳动力),占整个第二产业 10% 左右;高耗能产业也多依托煤炭。在"十一五"以来严格的节能减排降碳目标责任制下,淘汰煤炭落后产能、压缩煤炭消费总量和比重多年来成为各级政府努力的方向。在政策和市场的共同推动下,2013—2016 年煤炭产量和消费量双降,出现了峰值的迹象,我国的能源活动 CO_2 排放也初现平台期(见图 2-17)。

当然这种局面的出现是有代价的。最明显的莫过于煤炭工业的衰退:2015 年规模以上煤炭企业利润率 4.7%,比 2014 年降低了近 4 个百分点,低于全国工业行业平均水平 1.5 个百分点;资产负载率 66%,比全国平均水平高 10 个百分点,企业个数大幅度削减。其次,煤化工的发展也受到多方面的质疑,规模被合理地限制在一定范围内。

从我国建设生态文明的长期任务和全球应对气候变化的急迫性看，煤炭和相关产业出现衰退是必然，转型和退出历史舞台是早晚的事情，低碳能源发展和技术进步更将加速这种变革。我们必须承受这种代价，而且也有能力承受。但从现实看，能源转型不可能一蹴而就，不仅要受到市场影响，也要受到各界政策取向影响。从 2016 年下半年开始，随着世界煤炭市场的回暖，中国的煤炭行业亏损局面转好，亏损面收窄，部分煤炭企业出现盈利。许多国际研究机构认为我国进一步降低煤炭消费的阻力很大。2017 年上半年，全国能源消费回暖，煤炭消费约为 18.3 亿吨，同比增长 1% 左右，除了建材行业外，电力、钢铁、化工行业用煤同比均为正增长；上半年煤炭消费比重大约为 59.8%，比去年同期下降 0.6 个百分点。7 月 17 日，发展改革委召开煤炭供应专题会议，决定 2017 年煤炭净增产能 2 亿吨。反观美国，2016 年天然气发电比例达到 33.8%，超出煤电（30.4%）成为第一大电源；然而进入 2017 年，煤电与天然气发电的位置将再次发生短暂逆转。根据 EIA 在 2017 年 7 月发布的短期能源展望报告，预计全年煤电比例将达到 31.3%，而天然气发电比例将为 31.1%，煤电以微弱优势超越天然气。美国煤电与天然气发电的"拉锯战"反映了天然气价格与煤炭价格的相对关系，也间接反映出特朗普扶植煤炭工业的政策效应。而这种效应也传导到中国，立竿见影。但美国毕竟有强大的市场机制，在价格因素推动下，2018 年美国天然气发电比例达到 35.14%，煤电为 27.4%，二者的差距达到前所未有的高度。而这个条件在中国短期内是不存在的。在价格管控依然存在的情况下，煤炭依然占有绝对优势。

煤炭行业的走向是我国能源产业和经济社会健康、可持续发展的关键。2017 年以来，为煤炭工业喊冤叫屈、摇旗呐喊的声音又响亮了起来[1]，北方冬季供热政策出现波动、煤化工行业扩张又初现苗头。不出所料，2017—2018 年煤炭消费量反弹，CO_2 排放量和排放总量随即抬升（见图 2-17）。认为我国减缓行动"过早、过急、过激"的舆论也时有耳闻。我国来之不易的低碳发展氛围遭遇挑战，凝聚共识的难度又一次被放大。

① 倪维斗. 中国煤炭清洁高效利用之路［EB/OL］. 国际工程科技发展战略高端论坛上的演讲. (2017-12-06)［2020-03-01］.https://www.guancha.cn/NiWeiDou/2017_12_06_437965.shtml .

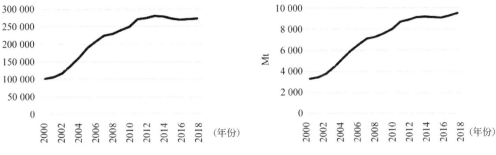

图 2-17　中国的煤炭消费量(左)和能源活动 CO_2 排放历史趋势(右)

二、对政治进程的影响

1. 对全球应对气候变化进程的影响

作为历史累积排放第一的国家,美国低碳发展路径的可能逆转对全球已经非常紧缩的排放空间的影响不言而喻,如果带来"示范"效应,那后果更是可怕的。本杰明·桑德森(Benjamin Sanderson)和柯努堤(Reto Knutti)认为如果美国放弃了目前能源环境政策而带来恶劣国际影响,其他国家也因此放弃已有的政策设想或行动,到 21 世纪末全球累积 CO_2 排放量将比 2℃目标所对应的理论空间多 3 500 亿吨,相当于额外增温 0.25℃。[①] 因此,美国的决定将压缩其他国家的排放空间,增加其他国家的碳减排负担,进一步加大实现协定目标的难度。

美国退出协定还可能迟滞全球气候治理进程。第一,损害协定的普遍性,进一步影响协定的权威性,最终对协定执行的有效性带来负面影响。第二,侵蚀解决全球重大问题的多边机制的基础,对 G20、WTO、ICAO 等其他多边机制纳入气候变化议题带来不利影响,破坏了公约内外的良性互动。在 2016 年的中国杭州 G20 峰会上,二十国集团首次发表关于气候变化问题的主席声明,向世界昭示了主要经济体气候治理的积极意愿,然而,时隔一年,2017 年德国汉堡 G20 峰会上美国坚持其联邦政府立场,与其余各国产生较大分歧,最终的公报形成"19∶1"的格局。2018 年 G20 阿根廷峰会也出现了同样的局面。气候变化问题在中美、美法等领导人的

----

① SANDERSON B, KNUTTI R. Delays in US mitigation could rule out Paris targets[J]. Nature Climate Change,2017,7(2):92-94.

双边会面中出现频率大幅降低，一定程度上削减了民众对该议题的关注度与支持意愿。第三，带来不良的示范效应，特别是动摇伞形集团国家履约信心。近来全球政治格局上存在全球化退潮、民族主义情绪抬头的趋势，加拿大、澳大利亚等伞形国家的右翼政党对气候变化的国际多边合作进程、对共区原则下发达国家承担更大责任并不完全认同，因此美国退出协定已经引发了发达国家一定程度的集体后退。第四，打击了全球社会应对气候变化的信心，进一步增大了全球低碳技术与产品市场的长期不确定性，可能影响相关投资决策与技术创新。第五，造成各国气候怀疑论的相关论调有所上升，使得各国内部协调立场，凝聚应对气候变化共识的难度进一步加大。第六，特朗普政府大幅削减气候变化基础研究经费将对未来全球气候科学研究特别是 IPCC 科学评估进程产生不利影响，可能影响应对气候变化科学依据的充分性。第七，美国削减甚至取消向全球环境基金和绿色气候基金等资金机制的捐资，将使得发达国家承诺的每年 1 000 亿美元的长期资金支持更难实现。根据 UNFCCC 资金常设委员会《2016 年气候资金流量两年期评估报告》，发达国家 2013 年和 2014 年分别向发展中国家提供 231 亿美元和 239 亿美元气候专属资金支持，距离 2020 年前每年 1 000 亿美元的承诺仍有较大差距，其中美国提供的资金分别为 26.96 亿美元和 27.70 亿美元，占总支持的 11.7% 和 11.6%。而 2018 年 3 月 23 日美国国会通过的 2017—2018 年度联邦政府财年预算显示，美国提供的资金支持中全球气候基金、UNFCCC、IPCC 的部分均被完全取消，海外私人投资公司（OPIC）和多边发展银行气候资金比例待定。美国宣布退出后的第一次联合国气候大会（COP23）上各方因资金问题僵持不下，直到闭幕也未解决分歧（见本书第三章第三节）；在 COP24 上，直到看到发展中国家在透明度和 NDC 议题上的让步，资金议题才有所进展，主要体现在信息提供方面，对具体的数量仍缺乏实质进展。第八，在美国宣布退出后，协定磋商过程中形成的"G2"局面不复存在，其余力量各有自身的牵制，"领导力真空"又一次出现。第九，美国的经贸政策破坏了国家间友好的合作关系，使气候议题的重要性迅速降低。2018 年 7 月 6 日，美国对第一批清单 818 个类别、价值 340 亿美元的中国商品加征 25% 的进口关税，其后又公布了向中国价值 2 000 亿美元的产品加征关税的计划，打响了人类经济史上最大的贸易战。美国的征税对象同时包括欧盟、日本等经济体，但美日于 7 月 17 日签署自贸协议（JEFTA），美欧于 7 月 25 日也达成贸易和解，世界经贸格局剧烈变化，对中国产生直接挑战。与此同时，7 月 26 日的世界贸易组织总理事会上中美代表进行了激烈的交锋,中国经济模式再次受到质疑。当前的国际政治经济环境下,贸易的地位急剧升高,国家利益的争夺和双边谈判的竞争使得讨论话题更为聚焦,也更关注短期实在的经济利益。气候变化作为涉及全人类中长期发展的宏观话题,受到的关注明显降低。短期贸易纷争不但挑战了原本的国际政治经济秩序,削弱了全球合作应对长期挑战的能力,也对中长期全球政治经济体系造成较大的不确定性,使得全球气候治理体系难以持续推进。

但是我们也应该看到,协定既坚持公约原则又具有开放灵活的特点,国际社会普遍接受,能够抵御一般性风险。在"共同但有区别责任原则"基础上,协定建立起了"自下而上""国家自主"的合作机制,务实包容。美大选后仍有 22 个国家坚持加入协定,欧盟再三重申会继续强化行动并继续扛起"气候领袖"大旗,瑞典通过了在2045 年实现"碳中和"的法律,英国如期通过了第五期碳预算,加拿大的气候变化立场出现了积极变化。在公约外,《蒙特利尔议定书》、全球可持续发展议程、国际航空航海组织纷纷将应对气候变化纳入其讨论议程中并取得显著进展,非国家主体的参与度越来越深,体现了全球气候治理机制的多元性,形成公约内外良性互补互动的局面。从 2001 年美国退出《议定书》开始,国际社会已经有了应对美国在气候变化问题上不作为的经验。因此,美国的极端立场不仅在国内得不到广泛支持,在国际上会形成一呼百应风潮的可能性不是没有但不大,全球气候治理以及低碳发展的大势不会发生逆转。

与 2001 年小布什退出《京都议定书》相比,美国退出协定之际协定早已顺利生效,美国宣布退出总体上不会影响协定总体走向。一是美国是否能够真正退出协定还不确定。根据程序,美国真正退出协定还需四年时间,从目前的政治现实看这四年将充满悬念,最终的选择或许将由四年之后的选民和届时的当选总统做出;二是美国宣布退出不会影响协定的谈判程序安排。小布什退出《议定书》时,《议定书》尚未生效,其他缔约方不得不在其他方面(例如俄罗斯的市场经济地位、碳汇的核算方法)做出妥协换取其生效。目前协定已经在 2016 年 10 月生效,马拉喀什会议确定了为期两年的技术细节谈判时间表,波恩会议进一步细化了程序性安排,尽管存在美国"搅局"的风险,其他缔约方仍有可能团结一致按期完成协定规则磋商,事实上确实基本按期完成了任务。

在政治上美国从来不是气候领袖,在低碳技术上美国正在失去领头羊位置,美国并不能决定全球低碳未来。低碳发展最终还要依靠技术进步。美国的页岩气革命短期内有效降低了温室气体排放,却在一定程度上阻滞了可再生能源技术的发展,而这些技术在欧洲和中国都取得了长足进步。储能技术、智能电网、电动汽车等新兴低碳技术的研发重心也都集中在美国之外的国家。分析表明过去十年间低碳专利技术的应用美国落后于日本,与中国不相上下。[①]

2. 对中国参与全球气候治理的影响：更多的国际期望与压力

全球气候治理 20 多年的历史进程表明,国际社会对于美国在气候变化问题上的消极应对习以为常,但是对中国积极应对气候变化反而有过高预期。美国退出协定将加大各国已有排放承诺与实现 2℃目标之间的差距,因此有部分国家希望中国作为当前全球第一排放大国进一步加强国内行动力度,弥补排放差距。而美国取消之前承诺的资金援助,也有部分发展中国家希望中国加大资金援助的力度。在缺乏预期管理的情况下,中国承诺坚持甚至加强对协定的履行,可能反而会加大国际社会对中国进一步承担责任的预期,缩小中国在国际气候治理进程中的政策回旋余力。

美国很大可能决定在保留公约缔约方地位的前提下退出协定,这意味着美国仍将是气候谈判中的重要利益相关者。由于协定生效速度超出预期,旨在落实协定的《巴黎协定》特设工作组(APA)在公约缔约方大会授权下成立。美国宣布退出协定,不影响其在 APA 的后续谈判中的地位。巴黎气候大会之所以成功与中美两国在会前通过多个双边首脑联合声明所达成的共识密切相关,在这一过程中,中美两国都做了不少妥协,并技术性地掩盖了双方在共区原则等问题上的立场差异。从 2017 年 5 月波恩谈判的情况来看,美国将在协定后续谈判中收缩,将谈判力量集中于与欧盟立场更加接近的透明度等少数议题,这也意味着中美之间关于 INDC 以及协定法律约束力等议题上所达成的共识减少,关于共区原则等问题上的分歧将进一步凸显,中国在后续谈判中可能面临发达国家谈判力量整合以后形成的更大压力。

---

① GLODTHAU A. The G20 must govern the shift to low-carbon energy[J]. Nature, 2017(546): 203-205.

第五节　新形势下全球气候治理的新特征

一、气候变化问题成为人类命运共同体和可持续发展目标的重要抓手

2017 年,习近平主席在世界经济论坛年会和联合国日内瓦总部发表了两场演讲,提出"构建人类命运共同体,实现共赢共享"的中国方案,自此"人类命运共同体"成为世界各国应对全球挑战的重要指导思想之一。"人类命运共同体"的概念具有包容性和开放性,其强调各国在战略利益上的长期一致性,而不排斥不同国家在优先事项、时间表、方法和路径上的诸多差异。作为具有全球尺度外部性的环境挑战,气候变化问题超越了单一国家主权的常规决策视野,需要以"人类命运共同体"为代表的相互依存、国际合作、互利共赢的全球格局。《巴黎协定》的谈判结果体现了各缔约方对气候科学和中长期气候目标的基本共识,未来各国共同的气候行动有望成为构建人类命运体的重要部分,保护后代和整个地球的利益。

2015 年联合国大会上达成的《2030 年可持续发展议程》为全球勾勒出未来发展的蓝图。尽管应对气候变化只是设定的 17 项可持续发展目标 SDG 之一,但却与其他 16 项目标存在紧密的联系与互通的路径。应对气候变化所要求的能效提高、经济结构转型、生产方式调整等努力,可以对脱贫、就业、促进公平等其他目标产生积极的协同效果。例如,公约第四条第 1 款(c)项要求各方合作,减少能源、运输、工业、农业和林业部门的温室气体排放,可以分别对应于 SDG 7(能源)、SDG 11(城市)、SDG 9(工业化)、SDG 2(农业)和 SDG 15(森林);公约第四条第 1 款(d)项要求各方在生物量、森林和海洋以及其他陆地、沿海和海洋生态系统方面进行合作,可以对应于 SDG 14(海洋和海洋资源)和 SDG 15(陆地生态系统、森林、荒漠化、土地退化和生物多样性)。各国在制定发展方略时充分考虑减缓与适应气候变化,可以帮助推动全球整体的低碳转型。

二、发达国家和发展中国家减排义务分配原则面临重构

全球排放布局在近几十年发生了大幅扭转。在 1992 年公约达成之初,发达国家占全球人口 20％,却排放了 70％的温室气体[①],属于当之无愧的"排放主体"。而随着新兴大国的迅速发展,中国于 2006 年赶超美国成为全球第一大排放国,印度于 2009 年赶超俄罗斯成为第四大排放国。目前,仅中国一国就占全球排放近 30％,发达国家整体只产生了 40％左右的碳排放。[②] 发达国家与发展中国家的"二分法"界线逐渐模糊,公约基石之一"共同但有区别的责任"原则受到部分发达国家的挑战。部分发达国家借协定中"同时要根据不同的国情"的模糊表述,试图以协定取代公约,以"责任的共同性"取代"共同但有区别的责任"基本原则,要求所有国家承担强制减排的责任和义务。但从历史的角度考虑,自工业革命以来,发达国家历史累积碳排放量仍高于发展中国家,其经济成果建立在数百年高污染、高排放的发展路径基础上;相较而言,发展中国家工业化、城市化、现代化进程尚未完成,在可再生能源尚未完全具备经济竞争力的当下,仍有利用廉价化石能源开发基础设施、摆脱贫困的需求,不可避免地产生一定程度的 CO_2 排放量。因而,尊重发展中国家发展的权利,适当放宽减排的力度与时间,坚持"共同但有区别的责任"原则仍具有一定的历史和现实意义。

尽管发展中国家核心利益一致,却因发展阶段的不同逐渐分化,统一立场共同发声面临困难。气候谈判中形成小岛屿国家、立场相近发展中国家、拉美独立国家联盟等新的利益团体,"基础四国"也因发展阶段差距拉开出现较大分歧,气候谈判的参与方正经历着立场、责任与话语权的调整与重构。

三、大国外交和全球民主的平衡在谈判中作用凸显

就整体格局而言,气候谈判是大国主导的国际政治博弈。中国和美国,全球前两大经济体和排放国,一举一动都深刻影响着全球的减排动力与承诺。在美国总

① 陈向国,李俊峰.盼望中国早日成为能够承担更多责任的发达国家[J].节能与环保,2013(8):18-24.

② 张丽华,姜鹏.从推责到合作:中美气候博弈策略研究——基于"紧缩趋同"理论视角[J].学习与探索,2015(4):55-60.

统奥巴马的任期内,两国气候外交取得了长足的发展。2013 年 4 月、2014 年 11 月与 2015 年 9 月,两国共同发表两份《中美气候变化联合声明》与一份《中美元首气候变化联合声明》,深化双边合作,重申气候承诺,向其他国家树立了榜样,为协定达成奠定了基础。尽管特朗普总统上台之后美国气候立场不确定性增强,从全球气候治理中逐渐淡出,留下了一定程度的气候领导力空白,但是其他发达国家,包括欧盟、加拿大等国及时与中国重申气候承诺,维持了全球气候行动的势头,发挥了旗帜性作用。2017 年 5 月第八届彼得斯堡气候对话论坛上,中国、欧盟、加拿大就推动协定落实展开了对话,并于 2017 年 9 月 15—16 日联合发起第一次气候行动部长级会议。主要大国通过高级别的互动,维护协定来之不易的成果,深化联合国奠定了全球气候行动的基调,提升了其他国家应对气候变化的信心和决心。大国以其在国际舞台上的话语权与领导力,协助规则的制定与落实,稳定公约为主渠道的全球气候治理既有秩序。中国作为一个积极的参与者,在坚定完成本国气候目标的同时积极为发展中国家集团发声,照顾多方利益,对于维护全球民主平衡,推动务实合作起到重要作用。

与此同时,以公约为主的谈判渠道在捍卫全球民主方面发挥了重要作用,保障了受气候变化影响最严重的小国的发声权利,维护了全球利益的共同根基。77 国集团(G77)、最不发达国家(LDCs)、小岛屿发展中国家(SIDS)等国家集团作为整体加入谈判阵营,在"协商一致"原则下拥有平等的否决权,积极推动损失危害、气候资金、2020 年前行动等内容纳入谈判框架,争取本国开展气候行动的资金、技术与能力建设支持,免于成为大国决策的牺牲品。全球民主的谈判规则保证了最大程度的参与度,使得协定最终决定为所有缔约方接受。全球民主与大国外交的紧密结合,推动了气候治理体制的高效与均衡发展。

四、全球气候治理的主体多元化与分散化

公约渠道下的常规气候谈判每年进行两次,但活跃的非政府组织、跨国公司、学术机构、媒体和次国家集团对协定的达成和生效起到了持续的推动作用。巴黎大会共吸纳了 36 276 位参会者,其中 36％为非政府组织及各类机构,通过发布报告、传播信息、交流经验、维护权利等方式,代表不同利益相关方的个体积极发声,促进协定的全面性、平衡性和合理性。

自协定正式肯定非国家行为体的参与以来,气候治理的主体日趋多元化。截止

到 2019 年 9 月,在公约网站注册的非国家行为体行动自愿承诺数量达到 20 035 个,覆盖了 9 378 个城市、126 个地区、2 483 个公司、363 个投资者、118 个社会团体。从承诺类型上看,绝对量减排、能源效率提升、发展可再生能源、建设韧性社会、利用碳价、鼓励私人融资等不一而足。

在美国联邦政府作为缔约方宣布退出协定后,美国国内的气候行动势头并未受到遏止,州、城市、企业、非政府组织反而走向公众视野,坚定落实美国的气候承诺。2017 年 11 月,在美国宣布退出后的第一届气候大会中,美国国内的气候变化支持者自发组建了"美国人民代表团",在谈判场外搭建美国行动中心,并发布《美国承诺》行动报告。报告称,坚持承诺的城市、州和企业代表了美国社会的一半以上,如果它们组成一个国家,将成为全球的第三大经济体。

2018 年启动的塔拉诺阿(Talanoa)对话被视为非国家主体在正式谈判进程中发挥作用的一大飞跃。Talanoa 对话以小组的形式展开,国家谈判代表与非缔约方围坐一圈,以讲故事的方式就气候治理交换经验。非国家行为体的参与,为后巴黎时期谈判的定位、目标和行动补充了丰富的思维视角,同时它们作为政治家与公众的沟通桥梁,将气候议题与现实需求相结合,使得其更具有认可度与现实意义。但是,如何将这些分散的故事或观点纳入接下来的政治进程仍是难题,且更多的反对可能来自发展中国家。

五、气候变化问题与其他多边国际机制日趋结合

在公约机制之外,行业多边机制也将气候议题纳入考虑范围。2016 年 10 月国际民航组织(ICAO)第 39 届大会通过了《国际民航组织关于环境保护的持续政策和做法的综合声明——气候变化》和《国际民航组织关于环境保护的持续政策和做法的综合声明——全球市场措施机制》两份重要文件,形成了第一个全球性行业减排市场机制;而后国际海事组织(IMO)于 2018 年 4 月首次达成行业气候战略,承诺于 2050 年前将行业碳排放削减 50%。二十国集团作为影响力较大的经济合作论坛,将结构性改革列为重点议题,通过了《二十国集团深化结构性改革议程》,并将"增强环境可持续性"确立为九大结构性改革优先领域之一。其指导原则包括:推广市场机制以减少污染并提高资源效率、促进清洁和可再生能源以及气候适应性基础设施的发展、推动与环境有关的创新的开发及运用和提高能源效率。2016 年、2017 年两届二十国集团领导人峰会(G20 Summit)都在公报中重申气候

承诺,进一步确认世界经济绿色转型大趋势。公约外进程的持续推进,对公约内部以国家为主体的谈判形成良性互动与互补作用。协定的核心内容被一步步深化,并与行业标准、贸易、投资等产生更紧密的联系。内外互动推动了协定的尽快落实,将低碳进程与全球结构转型有机结合,有利于充分发挥气候行动的潜力与影响力。

六、气候与能源和资源的纽带关系影响地缘政治格局

越来越多的研究表明,气候—能源—水之间存在高度的耦合关系,气候系统的变化,对整个水循环和能源系统的变迁都有重大影响。

第一,气候变化的长期趋势影响水资源总量与分布,进而对粮食安全,生态安全产生影响。气候变化对水资源的影响体现在干旱、洪水、冰川融化、海平面上升和风暴等各个方面。气候变化导致温度偏离正常值,驱动积雪和降水的变化,影响地表、地下水资源和供水系统,加剧粮食危机,威胁鱼类和野生动物生存,同时造成洪水等自然灾害。

第二,应对气候变化措施,包括能源基础设施的布局调整,也影响水资源及土地与粮食安全。气候变化对能源系统的低碳化转型提出了迫切的要求,以化石燃料为主的全球能源结构需逐步被非化石燃料所替代,处于生产底层环节的水资源利用情况也会发生变化。例如,生物能源的需求可能使灌溉用水需求大幅增加,导致缺水地区水资源更加短缺,从而影响粮食生产,引起粮食安全问题;生物能源与碳捕获和储存(BECCS, Bioenergy with Carbon Capture and Storage)等减排技术概念的提出,对农业,林业和其他土地使用(AFOLU)等部门的土地利用提出了挑战。根据IPCC1.5℃特别报告,虽然部分与AFOLU相关的CO_2去除(CDR)措施,如恢复自然生态系统和土壤碳封存,可以带来改善生物多样性、土壤质量和地方粮食安全的共同利益,但如果大规模部署,大多数当前和潜在的CDR措施可能对土地、能源、水或养分产生重大影响。造林和生物能源可能与农业等土地利用方式进行竞争,而由于后者同时还承担着生产粮食、能源和CDR措施需要的生物质的任务,就导致了土地使用上的多方权衡。因此,大规模部署CDR措施需要可持续的土地管理,确保陆地、地质和海洋水库中碳去除的持久性,同时养护和保护土地碳储存和其他生态系统的功能和服务。

第三,由于自然资源是全球布局,一国应对气候变化的措施变化势必会影响周

边整体的生态情况，还可能通过政策影响其他国家的情况，最终导致地缘政治的不平衡和不稳定。例如，能源转型方面，随着特朗普就任总统，美国加大了化石能源特别是油气资源的开采及出口力度，可能对中东产油国以及俄罗斯等油气出口大国造成重要影响，并对地缘政治格局带来潜在影响。一些国家曾快速扩展核能应用，也导致了周边区域政治的不稳定。通过虚拟水等贸易方式，一国的措施也可能会加剧其他国家的生态破坏，产生连锁反应，从而带来地缘政治的不稳定。

虽然气候与能源和资源之间的耦合关系较强，但联系复杂，对地缘政治的影响仍存在很大不确定性，因此，一方面需要进一步加强研究与评估；另一方面也需要持审慎态度，考虑预防性原则。

七、气候变化作为非传统安全问题被纳入广泛的决策视野

当今时代，气候变化已经不单单是一个科学问题，而演变成了一项国家和国际安全事务。从生态变化角度而言，气候变化导致海平面上升，沿海地区遭受高潮危害；极端气候事件频率增加，威胁基础设施的正常运行；酷暑、洪水、干旱加剧社会不稳定，导致居民死亡和疾病概率上升。但更重要的是，气候变化是一种"威胁倍增器"，潜在加剧我们今天面对的其他挑战——从传染病到武装叛乱——同时在未来还可能带来新的挑战。[1] 例如，美国《国家科学院学报》2015年的一篇论文指出，2006—2010年中东局部地区发生的一场严重干旱带来了动荡，为次年爆发的叙利亚国内冲突火上浇油。这场干旱在一定程度上可归咎于人类活动引发的气候变化。由气候变化引发的自然变化与其他压力因素相互交织，促使局势超过临界点成为公开冲突。[2] 其一，气候变化和一系列社会政治因素都存在直接与间接的联系，如局地温升造成的粮食和水资源危机有爆发传染病、造成人口迁移、引起区域冲突的危险，可能转化为需要依靠军事手段解决的传统安全问题，甚至演化为武装冲突或局部战争。这种链条式的反应具有连续性与不可逆性，一旦超过一定临界阈就有可能带来整个社会系统的崩溃。其二，对国内和国际安全的影响存在不确

---

① Department of Defense. Climate Change Adaptation Roadmap[R/OL]. (2014-10-13)[2019-01-02]. http://www.acq.osd.mil/ie/download/CCARprint.pdf.

② KELLEY C P, MOHTADI S, CANE M A, et al. Climate change in the Fertile Crescent and implications of the recent Syrian drought[J]. PNAS, 2015, 112(11): 3241-3246.

定性与突发性。极端的气候灾难可能随时发生,冲破国家安全体系的底线,带来政治不稳定与人道主义危机。其三,气候变化跨越国家的主权尺度,对国际政治秩序造成新的挑战。北极冰川的融化引发了北极航线开辟的新问题,造成了有关国家对潜在石油资源、矿产、捕鱼权利的争夺,同时对沿线国家既有的基础设施造成一定影响。不同地区气候敏感性的差异也造成承担的气候变化成本和对全球温室气体排放的贡献大相径庭,小岛屿国家的气候补偿诉求长期难以得到满足。

值得庆幸的是,气候变化作为一个安全问题已经得到国际社会的重视。2007年,联合国安理会就气候变化与安全问题首次进行辩论,标志着气候变化被纳入全球安全问题议程。其后,2009年,潘基文秘书长向联合国大会提交了《气候变化和它可能对安全的影响》报告,2014年联合国政府间气候变化专门委员会(IPCC)第五次评估报告首次设置专门章节,评估气候变化对人类安全的影响。世界主要国家都将气候安全纳入国家安全的讨论议程。中国在《国家应对气候变化规划(2014—2020)》中明确提出,"气候变化关系我国经济社会发展全局,对维护我国经济安全、能源安全、生态安全、粮食安全以及人民生命财产安全至关重要",揭示了气候变化对更广泛的社会经济安全的影响,超越了仅将其作为环境问题的狭隘视野。中国共产党"十九大报告"也将气候变化问题列入与恐怖主义、网络安全、重大传染疾病等并列的非传统安全威胁中。尽管美国特朗普政府从多个角度体现出对应对气候变化的排斥态度,2017年11月通过的2018财年国防授权法案仍将气候变化影响作为一项重要的研究内容,要求国防部提交书面报告,甄别五大军种面临的10大自然威胁,延续了美国国防部2014年《气候变化适应路线图》中提出的气候变化"威胁倍增器"的观点。

但是,目前对气候安全问题的重视有其局限性,不完全适应气候风险大空间尺度及复杂性的特点。非传统安全问题体现明显的社会性和主体多元性特征,无论是受影响者还是采取应对措施的行为主体,都不限于主权国家,需要由非国家行为体如个人、组织或集团等合作,共同采取行动。同时非传统安全存在很大的不确定性,需要各国合作针对主要的敏感生态系统以及临界点构建全球观测与预警网络,并采取预防性措施。鉴于中美等国在气候变化属于非传统安全问题上观点一致,有加强国际合作与对话的潜力,需要树立高度重视非传统安全的新的安全观,将其和传统安全问题一道,寻求深度的合作与有效的应对策略。

第六节　新形势下全球气候治理走向

一、短期波折：全球化遭遇逆流的背景下，气候变化议题重要性降低，合作氛围淡化，面临短期的波折与挑战

2017 年，英国脱欧、欧洲遭遇难民潮、美国极右派共和党人特朗普当选总统，国际政治风云变幻，国内国际问题错综复杂，对气候治理的热情被其他问题冲淡，协定后续谈判在不利的国际环境中踟蹰前行。2018 年与 2019 年，朝核问题与贸易战等议题成为国际焦点，相互妥协、合作共赢的氛围进一步弱化，气候议题优先序与提及频率再次降低。奥巴马时期，美国曾对协定的达成起到突出贡献，而特朗普时期的突然撤退给国际社会带来了气候治理领导力的暂时空白。美国拒绝承担气候承诺的倾向转移到了其他发达国家身上，2020 年前 1 000 亿美元资金支持的承诺遥不可期。部分国家甚至试图将协定与公约进行分割，抹去发展中国家与发达国家"二分法"的根本原则。欧盟尽管在国际舞台上态度积极主动，却也难以满足国内低碳发展的需求。曾经引领低碳发展势头的德国，在 COP23 会议上遭到煤炭发电占比 40% 的指责，本届政府也于近期承认将放弃实现 2020 年排放目标，预计 2020 年只能实现减排 30%～33%，明显低于设定的 40% 承诺。2018 年 COP24 会议的举办国波兰，虽然终于批准了《议定书多哈修正案》，但国内利益集团的强势影响，使 COP24 关于力度的谈判颗粒无收。国际能源署报告（IEA）显示，欧盟碳排放在 2017 年连续第二年略微上升，可再生能源部署速度下降。

二、尽管面临多重变数，全球各国对气候变化科学事实的共识已基本达成，中长期内全球绿色低碳发展的趋势不可逆转

夏威夷莫纳罗亚天文台观测数据显示，2018 年 4 月大气 CO_2 平均浓度首次超过 410ppm，突破了人类历史以来的最高纪录，且 2018 年全年最低浓度都超过了 400ppm，比工业革命前高出约 40%。1880—2012 年，全球平均地表温度上升了

0.85 度,而到 2018 年这一数值已经快速上升到 1.1 度,短短 6 年上升 0.2 度!"平均"二字掩盖了很多事实,实际上如果不考虑海洋的话,陆地温升已经接近 1.5 度。2019 年 5 月 CO_2 平均浓度达到了历史新高的 414.7ppm,且仍将以每年 2.2ppm 的平均增幅继续增长。在认识层面,全球约有 97％ 的科学家认同气候变化的科学事实,美国的政治姿态并未对科学界的共识造成根本性影响。行动层面,协定签署后全球绿色低碳进程一直在不断推进。全球煤炭消费自 2015 年开始下滑,天然气价格跌破新低,可再生能源自 2000 年起以每年 4％ 的增速递增,并在 2016 年占到全球发电的 1/4。在部分发达国家,可再生能源发电已比化石燃料更便宜。从各国提交的 NDC 文件来看,74.36％ 都包含了可再生能源的目标,109 个国家提出了具体的定量目标,2030 年预计全球共计产生 1.7 万亿可再生能源的投资需求。在低碳领域的政策动态、技术进步与投融资趋势都为后续谈判奠定了很好的基础。IEA 预测,到 2040 年,全球低碳能源和天然气需求将增长 85％,电动汽车新增 3 亿辆,天然气成为继石油后的第二大能源。减缓与适应气候变化,不再是各国谈判中因妥协达成的承诺,而已成为协助产业结构升级、提高要素生产率、驱动经济增长与转型的推动力,以及降低极端自然灾害损失、保护人类生命安全的必要手段。

三、气候变化作为全人类的共同挑战,比其他全球治理议题更容易达成多方共识,有望成为下一轮全球化的助推器

从深层次看,气候变化本身是科学上的真命题,气候行动符合世界各国的根本利益。新一轮的反全球化主要体现于民众对减少贫富差距、促进全球化成果公平分配的诉求,而气候变化首先对中低收入人群造成危害,因此各国参与气候行动有助于推动国际公平,顺应国际合作的发展趋势。重视解决气候变化领域的气候难民、责任与义务、损失危害等相关"公平"问题与负外部性问题,是本轮去全球化带给我们的警示。

作为历史上最多国家参与的、通过和平谈判方式达成的具有法律约束力的协定,《巴黎协定》同时具有对其他全球治理领域的借鉴意义。面对美国的退出意愿,其余 195 个缔约方坚持气候承诺,形成"195∶1"的对峙局面,证明了协定本身的合理性与抗风险能力。在相对较长的时间尺度内,各方以协定为根基,持续推进与低碳相关的多领域合作,巩固来之不易的政治共识,有助于顺利推进国家间互利共赢,共享新一轮全球化的成果。

首先，协定提高了各国对低碳转型和可持续发展的意识与行动。尽管协定自身存在约束力弱、惩罚机制不足等问题，但作为全体缔约方通过的来之不易的共识，它有效地凝聚了各方的共同意愿，形成了统一的发展目标，增强了各国共同应对全球挑战的信心。协定对 2020 年后全球应对气候变化行动进行安排，确立了 21 世纪末全球升温控制在 2℃ 以内，并向 1.5℃ 努力的长期目标，为市场释放了稳定的长期信号。欧盟如今已将碳排放作为基础设施建设和贸易进出口的主要考虑因素之一，在区域内坚持贯彻落实可持续发展思想。在 2018 年发表的《中国的北极政策》白皮书中，"气候变化"关键词出现了 23 次，深入渗透于中国北极政策的目标和基本原则之中，体现出中国对北极中长期生态环境的关切与重视。按照协定的要求，各国需要以 5 年为循环周期更新国家自主贡献，提升气候承诺，第一轮已有超过 160 个国家的 NDC 递交至公约秘书处；同时公约外的 G20、WTO、世界银行、亚投行、南南合作等国际机制或组织均将气候风险、低碳投资等议题纳入讨论进程，对公约内气候行动起到多层面的补充作用。

其次，《巴黎协定》谈判过程的成功经验，可为贸易谈判、安全治理等领域提供借鉴。相比于其他环境类议题，气候变化议题由于参与国家多、涉及领域广、宣传力度强，具备更高的公众暴露度，引起了政府的高度重视，为与之相关的国际合作创造了众多切入点。科学研究和政治博弈的双轨推进，至最终达成全体缔约方同意的协定文本，从一定程度上阻止了"搭便车"现象的发生。气候治理的思路可以作为其他领域治理的有效参考。一方面，在达成全球统一目标的同时不能忽略各国国情和能力的差异，要始终坚持"共同但有区别的责任"原则。模糊责任边界、混淆国家角色的谈判最终只能以冲突与分歧收场。另一方面，各国需要主动沟通本国的底线与需求，合理展示对全球治理的贡献，从而获得与自己身份相符的责任与义务。中国由于以往在其他领域全球治理中的话语权不足，往往失去了规则制定的权利和机会，处于被动接受的角色。在协定的达成过程中，中美、中欧领导人提前就协定内容进行了广泛协商，积极推进规则制定，加快了谈判进程，也使得最终文本基本符合中国立场。中国可将气候治理中的参与作为经验，积极融入其他领域的全球治理中，讲好中国故事，"做最好的自己"，在世界舞台上扮演更积极的角色。

再次，在当前"逆全球化"浪潮下，气候治理可以作为新一轮全球化的助推器。美国宣布退出协定及与之相关的退出联合国教科文组织、退出《伊朗核协定》、进行单边贸易制裁等动作，展现了保护主义与孤立主义的倾向，是当今"逆全球化"趋势的主要代表。在西方世界国内矛盾突出、民主政治遭受挫折、贫富差距不断拉大的当下,发达国家提供公共物品的意愿减弱,新兴国家崛起造成的国际力量对比变化使全球治理体系变革成为大势所趋。在网络安全治理、跨境恐怖主义等问题遇到谈判症结时,气候变化有望凭借现有的政治共识凝聚各方力量,坚守发展目标,继续推进国际合作的发展。西方国家在全球治理机制的参与意愿降低,给发展中国家更多制度性话语权和规则制定能力,有望推动全球治理朝着更平衡、公正、合理的方向转型。同时,气候治理中包含的能源变革与可持续发展思想,有利于帮助处于贫困状态的发展中国家实现跨越式发展,探索不同于传统西方国家的创新型发展路径,为全球经济增长注入新的动力。

　　最后,气候变化与国内、国际上其他重大问题的协同性的不断加强;技术进步、私人部门推动低碳发展,并且使低碳技术与新能源形成经济新的增长点;气候变化对区域的具体危害预测的科学性也在加强,这一切也将使参与气候行动更符合国家利益,持续激励各国坚持全球气候行动,显著增强全球未来减排的雄心。

　　因此,去全球化的浪潮会为气候行动带来挑战,但不应该是致命打击。全球气候行动的前景依然能让公众有所期待。

第三章

从巴黎到卡托维兹：
协定实施细则磋商进程

2015 年年底《巴黎协定》达成之后，公约下气候谈判进入了落实协定、讨论形成并通过实施细则（rule book）的时间区间。到 2018 年年底初步通过实施细则，2016 年、2017 年和 2018 年这三年的谈判工作将集中于这一明显的焦点问题。毫无例外，每年年底的公约缔约方大会依然是集中体现进展和分歧的场所。这三次大会分别是在摩洛哥马拉喀什举办的 COP22、在德国波恩举办但东道国是斐济的 COP23 和在波兰卡托维兹举办的 COP24。

第一节　协定实施细则需要解决的具体问题

如前所述，《巴黎协定》不是终点，而是全球强化应对气候变化行动的"新的起点"，其在确立应对气候变化的宗旨、长期目标和框架性制度安排的同时也给出了一系列留待解决的后续任务，包括制定《巴黎协定》实施细则，细化相应规则、制度和指南等。然而，由于《巴黎协定》的"精妙平衡"，后续细则谈判的难度不小。关键的谈判任务包括以下六个方面。

1）1.5℃目标的科学评估。协定将 1.5℃作为长期目标的选项明确写入文件，但针对该目标的研究非常稀少。因此巴黎会议一号决定"邀请"IPCC 开展特别研究，为缔约方提供最新的科学认知。理论上，这不是一个谈判问题，但对气候治理中的长期目标、力度评估有重要影响。

2）国家自主贡献（NDC）相关内容，例如性质、范围、信息要求和核算。由于各国提交的 NDC 没有统一的表达方式，对其进行核算充满不确定性。一些国家提供了减排的区间而不是具体数字，一些国家的 NDC 言辞模糊，缺乏必要的细节，比如未阐明其覆盖的部门与温室气体类型、基准年份、土地利用源汇的计算方法等。同时，一些 NDC 是建立在附加条件上的，比如他国的资金或技术援助。而这些不确定性不但会导致对各国的实际努力的估计的偏差，更会导致对于全球未来政策评估的不确定性。

3）全球盘点：该议题将解决全球盘点如何进行、盘点结果如何应用等关键问题。考虑到这个议题的艰巨性，公约安排了"促进性对话"活动、非国家行为体参与空间，试图通过这些方式推动磋商。然而"促进性"对话如何介入政治进程、非国家行为体参与缔约方磋商的合法性都需要解决。

4）透明度：需要完成协定下"统一框架"的细化问题，包括整合现有的碎片化的报告、审评/分析、多边进程机制①，并具体讨论"灵活性"如何体现、能力建设需求如何评估等悬而未决的问题；

5）资金机制：包括资金目标、资金信息前评估、资金支持后评估方法和机制。这是发展中国家非常看重的议题；与之相关的还有适应基金、损失危害。

6）发达国家 2020 年前减排和支持力度：2012 年《京都议定书》第二承诺期达成之后，这两个问题久拖不决，在发展中国家的坚持下一直在议程中占据着重要位置。

第二节　公约第二十二次缔约方大会（COP22）

COP22 于 2016 年 11 月 6—18 日在摩洛哥马拉喀什召开。同期召开的还有《京都议定书》第十二次缔约方会议（CMP12）、《巴黎协定》第一次缔约方大会（CMA1）、公约附属机构第四十五次会议（SB45）以及协定特别工作组第一次会议续会（APA1-2）。

一、背景：美国总统竞选为 COP22 蒙上阴影

巴黎会议的"高光"持续到 COP22 之前。2016 年 3 月 31 日，中美在华盛顿发布《中美元首气候变化联合声明》（这是 2014 年以来中美联合发布的第三个关于气候变化的声明），宣布 4 月 22 日中美将同时签署《巴黎协定》。如约，2016 年 4 月 22 日，中美等共 170 个国家领导人齐聚纽约联合国总部，共同签署协定。美国时任国务卿克里怀抱孙辈出席，具有高度象征意义。在中国，2016 年 9 月 3 日十二届全国人大常委会第二十二次会议表决通过了全国人大常委会关于批准《巴黎协定》

---

① 高翔，滕飞. 联合国气候变化框架公约下"三可"规则现状与展望[J]. 中国能源，2014,36(2)：28-31＋27.

的决定。在美国，由于协定是公约下的协定，而美国国会已批准了这个公约，因此《巴黎协定》无须再提交国会批准，可直接由各行政部门执行。但是，2016 年美国总统竞选始终是一块阴云笼罩在上空——共和党竞选人特朗普已经公开宣称一旦成功就退出协定（尽管 2009 年他曾经呼吁加强气候行动），到 COP22 召开之前，也就是最终投票即将开始的时候，形势已经相当严峻了。

另一个重量级缔约方欧盟也很给力。2016 年 10 月 4 日，欧洲议会在位于法国斯特拉斯堡的总部举行了全体会议。在联合国秘书长潘基文、欧盟委员会主席容克和第 21 届联合国气候变化大会主席、法国环境部长塞格林·罗雅尔的见证下，欧洲议会以 610 票赞成、38 票反对和 31 票弃权的结果，通过了欧盟批准《巴黎协定》的议案。

2016 年 11 月 4 日，《巴黎协定》达到"55 个缔约方通过且覆盖全球 55％排放"的"双 55"条件，成为全球历史上生效最快的多边协定；同时使得马拉喀什会议能够见证协定第一次缔约方会议（CMA）召开，这超乎了大部分人的预料。

在谈判桌上，针对协定实施细则的磋商在 2016 年 5 月（16—26 日）的波恩会议上已经启动。根据巴黎会议一号决定，会议成立了协定特别工作组（APA），选举来自沙特的萨拉·芭莎（Sarah Baashan）和新西兰的乔·廷德尔（Jo Tyndall）为联合主席（双女性主席），协调细则谈判。APA 第一次会议（APA1-1）完成了程序上的大致安排。

颇为重要的是，此次波恩会议还进行了第一次针对非附件一缔约方的"观点分享"讨论（FSV）。包括阿塞拜疆、波黑、巴西、智利、加纳、纳米比亚、秘鲁、韩国、新加坡、南非、马其顿、突尼斯、越南在内的十三个国家参加了讨论。这些国家基本都是在 2014 年年底提交了第一次双年更新报（BUR），在 2015 年 5 月之前接受了技术分析，综合报告在巴黎会议前后正式面世，随后秘书处紧锣密鼓地组织了这次活动。可以说是此次波恩会议的焦点之一，被秘书处称为"历史性时刻"（见专栏 3-1）。

专栏 3-1   **非附件一缔约方首次参加观点分享研讨会**

按照公约 2/CP17 的要求，发展中国家"应该"（should）在 2014 年年底之前提交第一次双年更新报（BUR），之后接受磋商和分析（ICA）进程。ICA 分为两个步骤，第一步为技术分析（TA），即公约秘书处组织专家团队对提交的 BUR 进行技术分析，随后向秘书处提交分析结果，以"综合报告"（SR）的形式呈现；第二步即为观点分享研讨会（FSV），以 BUR 和 SR 为主要材料，非附件一缔约方现场汇报 BUR 主要内容，并回答其他缔约方的书面和现场提问。会议结果将上报缔约方大会。

参加 2016 年波恩会议首次 FSV 的缔约方共有十三个，分别是（以首字母顺序排列）：阿塞拜疆、波黑、巴西、智利、加纳、纳米比亚、秘鲁、韩国、新加坡、南非、马其顿、突尼斯、越南。这些国家基本都是在 2014 年年底提交了第一次 BUR，在 2015 年 5 月之前接受了 TA，SR 在巴黎会议前后正式面世。秘书处紧锣密鼓地组织了这次会议。

除了书面问题，现场提出的问题主要包括：1)按时编写和提交 BUR 的组织机构安排，如何保证工作机制化和社会团体的参与？2)温室气体清单编制，如方法论的选择、工作机制的建立、如何支撑减缓政策等；3)国内 MRV 制度的建立；4)减缓政策及其效果；5)能力建设需求。

中国在 2018 年 COP24 上第一次参加了类似研讨。

专栏图 1　第一次 FSV 会议现场（中为 SBI 主席，图片来自 ENB）

二、会议进程：团结中略显"悲壮"的氛围

COP 会议又回到马拉喀什也很有象征意义。15 年前（2001 年）各国在此地达成了《京都议定书》实施细则"马拉喀什协定"，而协定实施细则磋商在这里正式开始，并肩负起了开启《巴黎协定》第一次缔约方大会（CMA1）的使命。相比盛况空前、跌宕起伏的 COP21，COP22 显得相对平静，比较顺利地通过了实施细则谈判路线图，即在 2018 年的 COP24 上形成成果。会议进行期间，美国特朗普胜选的消息

给大会形成了很大冲击，也促使大会形成了罕见的团结氛围。主要国家都纷纷声明气候行动是不可阻挡、不可逆转的，到会的美国国务卿也喊话：没有人有权利仅仅基于意识形态就对代表几十亿人的决定指手画脚。[①] 团结的氛围有几份悲壮，据说美国代表团成员泪洒现场，很多人将COP22作为职业生涯中最后一次代表美国政府的机会（事实上基本也是如此）。会议结束之前包括美国在内的各国首脑和政府代表共同发声是形成了一份政治立场文件，《马拉喀什气候与可持续发展行动宣言》(Marrakech Action Proclamation for Our Climate and Sustainable Development)，力图为出现消极倾向的气候治理注入活力。

三、谈判进展：协定实施细则磋商工作计划确定

1. 总体进展

COP22 最重要的进展是设立了 2018 年年底完成《巴黎协定》实施细则的目标。其余的 35 份官方决定都属于过程性文件。

在减缓方面，讨论主要集中在国家自主贡献（NDCs）相关的程序性问题上，例如是否需要为 NDCs 的内容出台指导方针，是否需要识别共同和有区别的信息要素，以及如何在不违背自主原则的基础上促进 NDCs 文件的一致性和透明度。缔约方对 NDCs 的灵活性立场悬殊，在承诺、时间轴、监测、审查方面均未达成共识，只能留待后续谈判讨论。

适应议题上，缔约方就其在《巴黎协定》框架下需定期提交的"适应信息通报"进行了讨论，包括通报的主要要素以及其与透明度和全球盘点的联系。同时，发展中国家积极推动适应基金服务于《巴黎协定》，该基金在 2016 年共收到 8 100 万美元的筹款，超过了当年的筹款目标，被列为 COP22 的重要成果。

透明度议题的谈判也受制于发达国家与发展中国家关于灵活性的分歧。《巴黎协定》的透明度框架要求全体缔约方定期汇报和审查其气候行动，但是给予能力有限的发展中国家一定的内在灵活性。这个框架如何解释与落实是透明度议题争执的焦点。发展中国家认为应制定两套规则，而发达国家却坚决反对。

对于自 2023 年开始的五年一次的"全球盘点"，各缔约方认可其在推进《巴黎

---

① ENB. Summary of the Marrakech climate change conference[R/OL]. (2016-11-21)[2017-07-20]. https://enb.iisd.org/download/pdf/enb12689e.pdf.

协定》实现中长期目标和更新国家自主贡献方面的重要意义，并开启了关于盘点结构、形式、内容、时间、成果等具体问题的磋商。

除了程序性问题的谈判，COP22 做出了关键的政治表态，产出了"马拉喀什气候与可持续发展行动宣言"。该宣言重申了对雄心勃勃气候行动的高层政治承诺，鼓励多方利益相关者以低碳经济转型为契机参与气候行动，加强合作，以弥合《巴黎协定》中规定的长期温控目标和现实排放情景之间的差距。德国、美国、加拿大、墨西哥等国家在会议期间发布了 21 世纪中期迅速削减温室气体排放的路线图，11个发达国家建立了"透明度能力建设基金（CBIT）"，部分发展中国家和发达国家成立了国家自主贡献伙伴关系（NDC Partnership），共同推动《巴黎协定》和可持续发展目标的实现。尽管 COP22 产出的正式结果有限，但却完成了从宏观目标到技术细节的转换，通过多主体合作增强了气候行动的势头，为后续谈判奠定了广度和深度的双层基础。

2. 磋商焦点问题

不出所料，协定中被"建设性"模糊的地方在 COP22 开始发酵，涉及的问题包括 NDC 的范围、适应通讯、2020 年前行动力度等。同时，有一些协定提及的议题在细则谈判方案中被忽略了，引起发展中国家的不满。列举出来，这些"孤儿议题"有八个之多：NDC 的时间框架、现有 NDC 的调整、应对措施论坛、识别发展中国家的适应努力、资金指南、资金长期目标、发达国家的双年资金通报、教育培训。相关讨论一直持续在最后，最终在 APA 议程上增加了一项"其他未决事宜"，才最终通过了决定。这些问题在下一阶段的谈判中不断被提起、模糊化、再提起，周而复始，而谈判的重点始终被力度（减缓和支持）、如何体现"共区"责任和灵活性牵制。

第三节　公约第二十三次缔约方大会（COP23）

COP23 于 2017 年 11 月 6—18 日在德国波恩召开，主席国是斐济，德国担任"技术东道主"。同期召开的还有《京都议定书》第十三次缔约方会议（CMP13）、

《巴黎协定》第一次缔约方大会第二次会议(CMA1-2)、公约附属机构第四十七次会议(SB47)以及协定特别工作组第四次会议（APA1-4）。

一、背景：美国宣布退出《巴黎协定》

2017年1月特朗普正式入主白宫,随即开始"去气候变化""去环境法规"的进程(见本书第二章第二节)；6月宣布退出协定,8月向秘书处递交了照会。美国的决定成为影响2017年及以后气候进程的最大不确定因素。在2017年5月例行的波恩会议上(8—18日),美国代表团的表现已经相当低调。波恩会议召开了发达国家缔约方的第二次多边评估(MA)活动,美国代表团最后一次参加了该活动并进行了汇报。团长简单介绍了特朗普政府的政策导向(保证国家安全、刺激经济发展、保障就业)和截至2015年的排放趋势,对未来没有进行任何预测。[①]

除了COP23是美国递交了退出协定照会之后召开的第一次气候磋商大会,COP23还有其他一些与众不同的地方。一是首次由小岛屿国家担任大会主席国；二是会议的实际举办地设在波恩,德国成为保障后勤的技术东道国。这种发展中国家和发达国家合作形成的"大会主席国＋技术东道国"模式非常新颖,既解决了斐济的实际困难(国家小、财力薄弱、难以承办与会人数接近两万的会议)、也进一步提升了波恩的政治地位——虽然贵为公约秘书处所在地和工作组会议的例行举办地,波恩还很少主办缔约方大会。从实际效果看,斐济专心于谈判事务,德国保障后勤,保证了大会的平顺进行。

小岛屿国家集团在国际气候谈判中有着特殊的地位和利益诉求。由于受地理位置和发展阶段所限,该集团对长期目标有苛刻的要求(1.5℃)、对资金技术也有迫切需求,同时还有气候移民的特殊诉求。该集团成员国众多,占有近1/5的联合国席位,但发展水平普遍较低,经济总量几乎可以被忽略；但在谈判通过占领"道德高地"、与部分发达国家集团合作(如欧盟)并与NGO密切协作,通常能将自己的"悲情"优势最大化,博取同情和支持。另一方面,在谈判回归"大国政治"的背景下,小岛国集团又会显得力不从心,很多时候只能依附于其中一支力量——通常他们选择欧盟——来扩大影响。

---

① USA. Second multilateral assessment united states ［N/OL］. (2017-05-13)［2017-05-13］. http://unfccc. int/files/focus/mitigation/the _ multilateral _ assessment _ process _ under _ the _ iar/application/pdf/usa_presentationma_sbi46.pdf.

二、会议进程：美国宣布退出的影响开始显现

按照 COP22 设定的时间进程，COP23 也是一次过程性会议，场内外的种种现象、表现比谈判本身更能反映当时的气候治理现实。

1. 发达国家集体后退

纵观整个会议进程，给人的感觉五味杂陈。也许因为理想太丰满——希望有一个甚至多个发达国家站出来宣布自己自愿承担更多责任，为国际合作注入强劲活力，然而现实却异常骨感——不仅没有谁能站出来，而是纷纷躲在美国身后，呈现出集体后退的现象。

欧盟是一个典型的代表。早在哥本哈根会议之前，欧盟就提出了《京都议定书》第二承诺期(KP2)减排目标：即 2020 年减排 20%（相比 1990 年）的无条件目标；如果能达成一个全球减排的协议，它还可以将减排承诺提高到 30%。在当前主要国家都提出了 2020 年前的国家适宜减缓行动(NAMAs)并且针对 2020 年后的全球协议已经顺利达成的现实面前，欧盟裹足不前。在 COP23 上，欧盟一再宣称，到 2016 年欧盟相比 1990 年已经减排 23%，到 2020 年会达到 26%，无论如何欧盟已经提前实现了 KP2 的减排目标，对 30% 的目标避而不谈。针对 COP23 召开前还没有批准《多哈修正案》这一问题，欧盟只是轻描淡写地将责任推给波兰——COP24 的主席国。

欧盟"三驾马车"之一的德国，在本次会议上备受关注。相当长一段时间以来德国温室气体排放保持平稳，过去两年却出现了上升态势，如果不及时踩刹车，2020 年减排 40% 的目标无法实现，有可能只能实现 30% 左右。默克尔在当年大选期间承诺将恪守目标。大选结束后，四个联合执政党中的三个（包括默克尔领导的基民党）都拒绝采取进一步措施，只有绿党还在坚持。国内谈判尚未结束的时候，默克尔短暂的 COP 之行不能给出任何激动人心的消息，而且还小心翼翼地不对国内谈判造成压力。出现这种局面的原因之一是煤炭工业的利益一时难以撼动，煤电企业在国内绿电供应充足的时候将电力出售给附近国家谋求利益。就业也成为说辞之一，实际上占德国总人口 1/3 000 的煤炭从业人员与中国的 1/150 不可同日而语，而且新能源创造的就业人口远远超过煤炭行业的用工数。非常明显，特朗普挽救美国煤炭工业的影响已经扩展到欧洲。

法国似乎给本次大会带来一丝亮点。法国总统马克龙宣布法国计划在 2021 年前关闭所有火力发电厂，同时为受到资金困扰的 IPCC 科学活动提供额外资金。实际上，在 COP23 之前法国政府还低调宣布了一个消息，推迟其 2014 年通过的《能源过渡法案》中确定的到 2025 年将核电发电比例从 75％ 降低到 50％ 的目标，推迟时限为 5～10 年。① 单纯从减缓气候的角度看，这个决定似乎无可非议，但大幅度延缓了法国实现 100％ 可再生能源系统的步伐。同时，这个决定也带来了非常消极的示范：一个经过充分协商并具有法律约束力的目标，能在一夜之间被推翻。这也应该是特朗普政府的影响吧。

在 COP23 英国与加拿大牵头组织了"削减煤炭联盟"（Powering Past Coal Alliance），当时有包括澳大利亚、法国、哥斯达黎加、美国华盛顿州等在内的 25 个国家和地区参加。这个联盟的宗旨是在 2030 年前彻底"弃煤"。② 似乎是一个很积极的信号。仔细考量，煤炭并不是加拿大最大的问题，而油气规模生产不断扩大，尤其是碳强度很高的油砂生产才是加拿大温室气体增长速度最快的部门，选择煤炭实在有避重就轻的嫌疑。而在英国，经过四十年的"煤改气"之后，煤电发电量的比重已经下降到 20％ 以下，未来包括页岩气在内的天然气、核电和可再生能源电力还有增长空间。对这些国家而言，选择压力最小的行动"说事儿"，一方面彰显了政治意愿，一方面也给中国、印度等煤炭大国带来压力，真是一举多得。正如一位 NGO 负责人所言，为什么要 2030 年，他们应该现在就弃煤！

2. 发展中国家的团结和分化

在 COP23 各议题谈判上，作为一个整体，发展中国家，尤其是"77 国集团＋中国"保持了超乎之前的团结，在提高发达国家 2020 年前减排力度和促进资金问题向前迈进等方面保持了压力，将针对 2020 年后的全球盘点与 2020 年前发达国家的行动盘点联系起来，扭转了发达国家将注意力全部转移至 2020 年后国际机制新安排而刻意忽视 2020 年前减排力度的明显倾向，也在一定程度上阻止了减排责任的转移。立场相近发展中国家（LMDC）在谈判中起到了中流砥柱的作用。但是笔者也注意到了一些弦外之音：

---

① Climate Action Network. ECO 4，NGO newsletter on COP23[R/OL]. (2017-11-09)[2020-02-28]. http://www.climatenetwork.org/sites/default/files/eco_4_cop23_cmp_13_cma_2_fiji_nov_2017_english_.pdf.

② Powering Past Coal Alliance：Delaration[R/OL]. (2017)[2017-12-01]. https://www.gov.uk/government/uploads/system/uploads/attachment_data/file/660041/powering-past-coal-alliance.pdf.

基础四国除了发布一个联合声明、共同召开一个记者招待会外，在谈判桌上集团发声的频率其实很低。在相关报道中，仅在开幕式和一次非正式讨论中有集团发言，更多的时候巴西为阿根廷、乌拉圭和自己发声、南非为非洲集团代言、中国和印度在 LMDC 阵营中。在敦促发达国家提高 2020 年前减排力度、如何在全球盘点中体现公平、国家自主贡献时间框架方面，巴西的立场与其他发展中国家有一定程度偏差。此外，巴西对花大量时间讨论 2020 年前力度问题表示出些许不满。也许与部分发展中国家类似，巴西担心过多强调 2020 年前的力度问题会抢了协定实施细则讨论的风头，二者难以达到平衡。考虑到在巴黎会议上，巴西积极加入欧盟和小岛国倡导的"雄心联盟"，强调这是巴西的决定而不是"基础四国"的决定，巴西在"基础四国"中的离心倾向似乎越来越明显。

对于斐济主导的塔拉诺阿 Talanoa 对话（也就是 2018 年促进性对话），部分发展中国家也表示出不满。这个促进性对话可以理解为是 2023 年全球盘点的前奏，主要目的是对现阶段全球应对变化努力进行探讨、增进相互理解、促进下一阶段国家自主贡献的提交。按照巴黎会议安排，这个政治性进程将在 2018 年开展，而不是 2017 年。斐济作为主席国非常希望提前部署对话安排，并将其视为太平洋国家首次担任缔约方大会主席国的重要"遗产"。发展中国家给予充分理解和尊重，但是大家也都注意到，已经列入大会一号文件附件的对话提前部署和安排并不是一个充分协商的谈判成果，而是部分缔约方以圆桌会、专家会等非正式磋商渠道形成的内容，很容易将该对话引导成为一个以减缓为中心的进程，几乎成为全球盘点的预演。这是发展中国家相当担忧的一点。《巴黎协定》中的长期目标不限于减缓（2℃和 1.5℃），还包括适应和资金，但后两者的推进程度都逊于减缓。

资金议题的裹足不前，让派出史上最多参会人员的非洲集团大失所望。在会后的记者会上，非洲代表含泪倾诉，我们已经退到了不能再退的地步，但没有换取来任何东西，两手空空如何面对非洲父老？

在此次大会上，来自发展中国家阵营的格鲁吉亚正式加入了"环境整体性"集团（EIG）。该集团是公约磋商中唯一的长期性跨阵营集团（有些跨阵营集团只短时间存在、临时性集结，例如巴黎会议上形成的"雄心联盟"），成员国有瑞士、列支敦士登、韩国和墨西哥。这个集团致力于在发达国家和发展中国家两个集团之间搭建桥梁，总体立场倾向于发达国家。

3. 美国的表现：在资金议题上尽全力阻挠共识和进展

COP23 是美国宣布退出协定并递交照会之后的第一次谈判会议，表现如何是此次大会的看点之一。纵观整个进程，可以说美国政府代表团的表现非常低劣，除了非国家行为体还勉强能为美国加点分。

此次美国政府派出了一个十年来规模最小的代表团，只有 47 个人（中国代表团有 82 人）。而 2016 年美国代表团的规模还维持在 90 人左右，2015 年更达到 146 人。团长已经不是外界熟悉的气候特使乔纳森·珀欣(Jonathan Pershing)[托德·斯特恩(Tod Stern)已于 2016 年 3 月卸任]，而是一位名不见经传的副国务卿。往年豪华气派的美国馆也闭门谢客。看上去美国政府代表团努力保持低调——在全会发言的次数不多，没有召开过一次记者招待会，但还是相当彻底地贯彻了特朗普的指示：美国虽然已经宣布退出协定，但还要积极参加谈判，以保证相关决定的走向和内容符合美国利益。基于此，在资金问题上，美国对于发展中国家的诉求给予了最坚决的反对，也得到了其他发达国家的默契支持，最终该议题进展不大。

粗浅地说 COP23 的资金议题有三个难点：一是如何按照协定第九条第 5 款(article 9.5)的授权，开展关于发达国家两年资金信息通讯的谈判，通俗地说也就是关于资金支持透明度或资金支持事前评估的谈判；二是发达国家如何实现 8 年前承诺的到 2020 年每年动员 1 000 亿美元资金支持的目标；三是是否通过磋商确定一个新的资金筹措目标，例如到 2025 年的目标。

针对第一个问题，两个集团进行了漫长的对垒，非正式磋商从 11 月 9 日起一直持续到 18 日凌晨。以南非为代表的非洲集团反复提出建议，希望将该问题纳入正式的谈判渠道，得到发展中国家的广泛支持，但遭到美国及其盟友的坚决反对，理由是该问题已经在其他渠道有所讨论了，不应该重复工作。11 月 16 日开始的协定特设工作组(APA)闭幕会议数次中断，最终也没有找到妥协方案。之后大会主席介入了非正式磋商。在大会闭幕式上，这个问题又一次引发了多次混乱，包括初版大会决议以"技术错误"借口被收回，而更新版却去掉了与资金相关的一些选项（简直是巴黎会议上"shall"变"should"故事的重演）。最终妥协的结果是，大会一号决定以一行文字表明关于协定的执行还有"其他事宜"要讨论，但没有明确这些"其他事宜"是什么，只是增加了一个脚注，说明就这个问题各缔约方并没有达成共识。也就是说保留了后续会议继续讨论该问题的空间。另有相关决定授权公约附属机构对针对 article 9.5 的提案信息进行汇总，上报 COP24。

图 3-1 协定 9.5 磋商现场（图片来源：ENB）

针对第二个问题，美国以在公约网站上上传声明的方式，更明确地表明了立场①：每年 1 000 亿美元是一个理想数字，不论对集团整体还是对每个国家，都不具有法律约束力；美国上届政府所做出的资金承诺也是没有法律约束力的。相对于美国的恶劣态度，欧盟、澳大利亚等国的态度相对缓和一些，大体认为履行已有承诺是应该的，只是目前还有一些法律方面的障碍。新的资金筹措目标也没有答案。资金议题永远是一个一言难尽的问题。各个来源的数字参差不齐，但都远远不到 1 000 亿美元/年，而 2018 年美国军费预算就达到创纪录的 7 000 亿美元！不仅量不够，质也有问题。根据发达国家第二轮双年报，法国提供的资金支持中只有 2％为赠款，日本 5％，德国好一些（45％），挪威、瑞典、丹麦、瑞士和加拿大则完全将赠款排除在外。

造成大会闭幕延迟到 18 日凌晨的另外一个原因是适应基金，同样与资金有关系。根据 ENB 的报道，由于"一个重要发达国家"（a major developed country）的反对，相关谈论又一次陷入混乱，最终的决定暂时认可适应基金应该（shall）可以服务于《巴黎协定》，但细则要进一步讨论。猜想一下，这个"重要发达国家"应该是指美国吧。

除了在网站上申明所有的资金承诺都没有法律约束力之外，美国还公开宣称：美国将继续参加谈判保护本国利益；美国的国内政策还在完善中，公约相关决定不对这些政策形成约束。

---

① USA. Statement of the United States of America upon the closing of the 23rd Session of the Conference of the Parties to the United Nations Framework Convention on Climate Change［EB/OL］. (2017)［2017-12-20］. http://www4. unfccc. int/Submissions/Lists/OSPSubmissionUpload/69 _ 375 _ 131556034539617911-Statement％20of％20the％20USA％20at％20COP％2023％20Closing. pdf? from ＝timeline.

为美国挽回一点点颜面的是它的非国家行为体，包括国会议员、州长、工商业人士以及非政府组织人员（NGO）。来自马里兰州、罗得岛州、俄勒冈州、马萨诸塞州和夏威夷州的五名参议员共同召开了一个记者招待会，申明：我们还在（we are still in），原因很简单，气候变化与美国的国家安全密切相关；在气候变化这件事情上，特朗普不仅被世界人民孤立，也被美国人民孤立；清洁能源比煤炭更经济，2025年夏威夷将实现100％清洁能源，更多的州将向100％清洁能源的目标迈进；私人资本、工商业将在这个进程中发挥重要作用，包括继续提供公约框架下的资金支持，因为靠公共资金是没有指望了。

在会场上还出现了一个"美国人民代表团"（US People's Delegation），由环保主义者、社区、青年以及土著居民代表组成。他们表示，特朗普之后，美国一定会重返《巴黎协定》；呼吁停止化石能源基础设施建设，加速向100％可再生能源系统发展，强化地方政府行动。

4. 弃煤与否？

"弃煤"是COP23的关键词之一。成也萧何败也萧何，煤炭（以及其他化石燃料）点燃了工业革命的熊熊大火，眼下这把火就要烧得无法控制了，人类不得不面临选择。这一届大会上，"脏煤"（dirty coal）更有点"全民公敌"的模样。

根据世界能源署（IEA）的统计，2016年全球煤炭消费量约73亿吨（其中中国占了一半左右），在世界一次能源中的占比依然达到28％左右（逊于石油），煤电发电量占全球发电量的近40％。粗略计算，每年燃煤CO_2排放量150亿吨以上，占全球能源燃烧CO_2排放量的45％左右。虽然全球整体上处于石油时代，但煤炭却是排放温室气体的第一大贡献者。

如前文所述，本届COP23的煤炭争论源于德国新政府难以就"弃煤计划"达成一致，可能导致2020年减排目标落空，"气候领袖"的形象岌岌可危，对全球合作应对气候变化也是一种打击。与此对应，英国和加拿大在COP23上领导成立了"跨越煤炭联盟"，成员单位已经达到25个，计划在COP24之前发展到50个。有记者向德国环境部长克里斯提娜（Hendricks）女士提问，德国如何评价这个联盟。部长回答，我们不会加入这个联盟，一是这些国家和地区的煤电发电比重已经较低了（而德国还有40％）；二是他们选择核电作为煤电的替代品，而德国坚决弃核，核电绝对不是应对气候变化的必然选择。同时克里斯提娜女士表示，德国弃煤路线图达成共识只是个时间问题，政府一定会努力。

11 月 11 日，欧洲气候基金（ECF）和彭博慈善基金会（Bloomberg Philanthrophies）共同举行了"巴黎之后超越煤炭"（Moving beyond coal after Paris）的高级别边会，共同探讨美国和欧洲煤电尽早退市的必要性和挑战。包括 ECF 总裁图比亚娜女士（巴黎会议的"功臣"之一）、前纽约市市长布隆伯格先生、绿色和平执行主任摩根女士在内的众多知名人士参加了会议。

大会弥散的对煤炭的忧虑，从深层次看，源自 2017 年以来美国能源政策的大幅度调整。特朗普取消了奥巴马的《总统气候行动计划》，暂停了《清洁电力计划》，放宽了对煤炭开采的土地租赁限制禁令，停止了关于煤炭开采健康影响的研究。2016 年美国的天然气发电量比例第一次超过煤电，而 2017 年这个趋势可能又被逆转。在公约网站上美国也申明"将帮助发展中国家更清洁和有效地利用化石能源"。从气候科学家的角度看，没有碳捕集和封存（CCS）相伴的煤炭不算是"清洁能源"；而 CCS 太贵了，没有那个企业愿意增加 20%～30% 的成本来控制煤炭的碳排放。

不好的消息在大会上陆续发布。全球碳预算项目组发布 2017 年全球碳排放估算结果，预计 2017 年将终结 2014－2016 年全球排放持平甚至略有下降的趋势，比 2016 年上升约 2%（其中中国大约上升 3.5%，当然存在不确定性）；IEA 最新发布的 2017 年《世界能源展望》也认为，到 2040 年之前全球化石能源需求都将处于上升阶段，提前达峰似乎是不可能的。

与排放及减排进展缓慢相关联，本届大会上出现了较多的关于"气候罪行"、"气候诉讼"的言论，与"损失危害"（L&D）议题一脉相承。谈判桌上，L&D 屡遭挫折（遥忆巴黎会议，美国人在一号决定中加入了"协定第八条并不意味着任何债务或赔偿"的表述，尼加拉瓜的反对无济于事）；边会会场和记者招待会上，关于赔偿和上诉的讨论逐越来越多。在非洲代表团最后的"哭诉"记者招待会上，一名记者建议：真的没有办法了，去法庭吧（go to court!）！国际环境法中心（CIEL）发布了报告"烟气和愤怒：让石油巨头为气候危机负责的法律和证据基础"（Smoke and Fumes：the Legal and Evidentiary Basis for Holding Big Oil Accountable），用翔实的历史资料控诉石油公司在 20 世纪五六十年代就知晓自身排放与大气中 CO_2 浓度的关系之后还百般阻挠气候政策的实施。分析人士认为这篇报告为可能的气候诉讼案件提供了法律基础。这何尝不会发展到煤炭行业和煤电公司呢？

5. 人类世已经到来——科学家的忠告

公约谈判是一个政治进程，根本宗旨是在科学研究的指导下完成从理念到共识再到行动和执行的转换。作为气候科学研究的代表，政府间气候变化专门委员会(IPCC)在推动《联合国气候变化框架公约》的形成以及之后的二十多年谈判中奉献了不可或缺的科学力量，例如在 IPCC 第四次评估报告(2006 年)中提出的附件一缔约方 2020 年应该减排至少 25%～40% 的结论至今都是敦促发达国家提高 2020 年前减排力度的最有力"武器"，对公约长期目标的递进解读(从"危险水平"到 2℃ 再到 1 万亿吨碳的排放空间)也是推进碳预算、形成倒逼机制的权威基础。

上一轮 IPCC 气候变化评估报告(AR5)周期在 2014 年结束，新一轮报告(AR6)撰写工作陆续于 2016 年展开，估计到 2023 年完成整个周期。目前这段时间处于 IPCC 成果"空档期"，而气候变暖进程并不等待人类的科学研究，而是呈现了明显加速趋势。为了以最快的速度让国际社会知晓气候变化科学研究进展，德国波兹坦研究所的科学家根据 AR5 以来的研究成果，汇总成了最新"气候变化十大须知"在 COP23 上发布并正式递交给公约秘书处，以尽量平易但严谨的表达传递科学信息，努力搭建科学与政治之间的桥梁。这十大信息如下。

1) 越来越多的证据表明地球已经进入了一个新的地质时代——人类世。由于人类对地球生态系统、物理和化学过程的影响，地球系统的变化速度正在加速。而在人类文明发展进入高峰期之前，地球气候系统是相当稳定的。目前这个稳态已经处在危险边缘。

2) 地球正在接近危险的"转折点"。一旦跨越了这些阈值，地球系统可能崩溃，北冰洋、亚马孙等地区的变化都可能是不可逆的。

3) 2017 年发生的创纪录的大西洋飓风可以让世人一窥未来我们星球可能频繁遭遇的极端气候事件的样貌。这些事件还可能以严重洪涝、热浪和旱灾的形式出现。

4) 海洋变化在快速发生，因此海平面上升和海洋酸化的速度也在加快。

5) 气候变化造成经济损失已经如影相随，最贫穷的国家承担最重的负担。

6) 由于对粮食和水资源系统的扰动，气候变化将对人体健康形成显著影响。

7) 气候变化将造成移民、动荡甚至动乱。2015 年，全球已经有 1 900 万人口由于自然灾害和极端气候被迫迁移，而气候变化将使这个数字倍增。

8) 全球必须尽快行动：如果人类以目前的速度排放温室气体，2℃ 目标下的排放空间将在 20 年内消耗殆尽。全球排放应该在 2020 年达峰值，2050 年接近零排放。简单说，每十年，全球排放应该降低一半。

9) 一个没有化石能源的社会同样是经济可行的：可再生能源的价格越来越快地

与化石能源竞争，即使后者的价格降到历史低点。同时，一些研究表明，到 2100 年，行动不力所造成的成本将占 GDP 的 2%～10%，而另一些研究认为这个数字可能高达 23%。

10）即使《巴黎协定》的目标能够得到实现，全球仍需要在适应和增强韧性方面做很多工作，因为众多影响已经是既成事实。

这是目前我们所能看到的来自科学界的最严厉的警告。这些警告并不是科学家们感性的呼吁，而是基于大量严肃科学研究得出的十分明确的观点。IPCC 报告的撰写原则是"policy relevant but not policy prescriptive"（大意是与政策相关，但不直接针对政策，也就是"不开药方"），因此作者们需要小心谨慎避开过于直接的、具有明显政策倾向的论断。形成的报告初稿，尤其是读者最多的"决策者摘要"，经过多轮专家和政府审评以及逐字逐句的挑剔后，所有的棱角都被消磨掉了，最终报告中剩下一堆曲折委婉、暧昧不清的结论。估计只有作者群才能透彻地了解某个词汇或某段表述背后本来所蕴藏的含义。在 COP23 上呈现的这篇不需要经过政府审议的报告能让我们感觉到科学家们发自内心的焦虑，希望政治家们能感受到！

6. 中国起到了中流砥柱的作用

在美国宣布退出《巴黎协定》、中共十九大提出"引导气候变化国际合作，成为全球生态文明建设的重要参与者、贡献者、引领者"之后，各国都希望中国能够进一步发挥领导力，因此中国在此次缔约方大会上的表现备受关注。会议结束后回头看，中国代表团的影响力和能力显著加强，领导力越来越强。在谈判桌上，中国在促进发达国家提高 2020 年前行动力度、推进《巴黎协定》实施细节谈判方面起到了中流砥柱的作用，同时也充分理解和帮助斐济完成了 2018 促进性对话的部署。在主动设置平台和议题方面也贡献了中国智慧和中国方案，例如，对资金透明度和减缓透明度议题的积极参与和贡献。在谈判桌外，中国的低碳发展经验越来越多地为磋商中的难题提供解决方案或思路，展现出来的灵活态度促成了发展中国家的空前团结和两个集团之间的相互妥协。可以说，中国在 COP23 上不负众望——在 11 月 17 日德国环境部长一行人的记者招待会上，有记者问中国代表团的表现如何，德方非常简短地回答：是的，非常有建设性。

针对中国的提问不止这一个。对于全球碳预算项目组（GCP）对 2017 年全球 CO_2 排放可能增长 2%、其中中国可能增长 3.5% 这样吸引眼球的结论，与会者自然想听听中国的评论。解振华团长指出,中国的低碳发展是最近几年全球排放趋稳的重要贡献者,2016 年中国的碳强度已经比 2005 年下降了 42%,超额完成 40%～45% 的目标没有悬念;森林蓄积量早已超额完成了目标,非化石发展目标也在稳步实现之中,同时中国已经拿出 1 亿美元支持南南合作;在很多方面,发展中国家比发达国家做得要好! 非常及时地矫正了视听。另外关于中国的疑问还包括:中国既然要做气候变化国际合作的引导者,为什么还是立场相近发展中国家集团(LMDC)的成员? 中国的"一带一路"似乎对化石能源投资很感兴趣,这个如何理解? 由于各种原因——没有中国代表在场、与会者不熟悉情况,这些问题在一定程度上都被回避了。其实,在 COP23 上,虽然 LMDC 一度被认为是相对保守的"老人团",但在这次会议上起到了相当积极的作用,而中国的引领作用显然是不可忽视的。

与此类似,一个以"去煤"为重要讨论内容的大会上,所有关于去煤的重要讨论都小心翼翼地避开了中国(以及亚洲)。这可能有三个原因:第一,对德国保持压力;第二,在目前这种"自下而上"的国际机制面前,暂时只能评价一个国家是否能够实现其自主承诺目标或行动,而不能对其目标的力度作过多评价,换句话说,对不能实现目标的国家应予以鞭策,对完全能够实现目标的国家无须多言;第三,中国十多年来强有力的淘汰落后、提高能效、压煤限产、去产能调结构的政策已经取得显著的成绩,并付出的了巨大的代价,再要说三道四真有点"鞭打快牛"了。中国的巨大努力已经在一定程度上改变了国际语境,想当年,2006—2007 年,西方国家漫天弥散着"中国一星期建一个新煤电厂"的舆论,可谓耸人听闻。

当然,在这种刻意回避中还是能感觉到国际社会对中国无言的压力和期待。2017 年中国煤炭消费量有所反弹几成定局,当然反弹幅度应该低于 GCP 的预测,更不会回到 2013 年的"峰值"(42.4 亿吨),大概率也不会超过"十三五"规划的控制范围(41 亿吨)。同时由于石油消费保持平稳,天然气消费快速增长,全年 CO_2 排放量也将有所反弹。这种波动这并不妨碍中国实现 2020 年的 40%～45% 目标,更不妨碍 2030 年左右达峰的国家自主贡献目标。只是,如果全球排放必须在 2020 年达峰、2050 年近零排放——如科学家们给出的忠告,占全球排放量近 30%、煤炭消费占一半的中国,如果能做得更好一点,如果 2014—2016 年间的"惊喜"能够持续下去,距离 2℃ 目标的差距应该可以被弥补相当大的一块。

三、谈判进展：实施细则案文初稿出炉

1. 斐济的气候遗产

如前所述，COP23 依然是一个过程性会议，尽管"众生相"多样，会议阶段性成果平顺，关于实施细节的案文继续扩充（见本章第四节），和其他议题磋商结果一起达成了以"斐济实施动力"（Fiji Momentum for Implementation）为名的过程性一揽子成果，也算为 COP24 这一时间节点准备好了"重要和足够的进展"（德国发展研究所的斯蒂芬·鲍尔的评价）。在各方尤其是发展中国家的积极敦促和斡旋下，COP23 在推进协定实施细则磋商、提高发达国家 2020 年前力度、部署 2018 年促进性对话等方面取得了积极的成果。特别是将提高发达国家 2020 年前行动力度作为 COP24 的谈判议题纳入日程，是发展中国家团结一致取得的成果，来之不易。特别是，借"主场"和传统盟友之利，斐济确实留下了一些"遗产"，以下进行一一盘点。

第一，社区和土著居民论坛进入了操作化阶段。该论坛在巴黎大会上启动，COP23 大会相关决定确定了论坛的目的、功能和进程，并明确首次活动将是一次由公约附属机构主持的各利益相关方研讨会。

第二，首次通过了性别行动计划（gender action plan），邀请各缔约方积极参与到该计划中，将性别平等概念融入各项气候行动中。要求公约秘书处在 2019 年 11 月之前发布一份报告，阐明该行动的进展、存在的问题和未来工作安排，供 COP25 审阅。此外，在气候教育、培训和公共意识培育方面也有积极的决定。

第三，推进农业适应和减缓向前迈进。大会决定农业议题将由公约附属科学技术咨询机构（SBSTA）和附属执行机构（SBI）通过研讨会和专家会议来共同处理。这些谈判旨在讨论农业应对气候变化的脆弱性，以及解决粮食安全的方法。在 COP 谈判中，农业长期处在缺位的位置。把这个议题纳入两个附属机构的议程上被认为是一个重大的进展。决定还要求各缔约方针对农业适应、提高土壤碳/健康/肥力、肥料管理、牲畜管理以及与气候变化相关的农业经济、粮食安全等问题提交提案，供各方磋商，在 COP26 上汇报进展。

第四，就加强海洋研究和系统观测通过了相关决定。对于岛屿国家来说，海洋是极为重要的问题。海洋不仅支撑渔业、提供其他海洋资源以维持岛屿国家的经济，对于气候系统也起着至关重要的作用。2017 年 6 月，在纽约召开了第一次联

合国海洋大会,斐济和瑞典共同作为主席国。在 COP23 上,斐济起草了《海洋通道战略》(*Ocean Pathway Initiative*),旨在呼吁海洋会议采取行动,各缔约方将海洋纳入 NDCs 内,并为保护海洋系统的计划提供资金。COP23 的讨论及其成果,虽然使得各缔约方认识到并开始着手解决岛国面临的特殊挑战,但是这些只是第一步,各缔约方将如何落实这些成果仍有待探讨。

第五,损失危害。这是小岛国集团、非洲集团和最不发达国家集团非常关心的议题。他们希望将该问题固定为一个年年必谈的长期性议题,最终大会决定继续由"华沙损失危害国际机制执行委员会"准备年度报告,召开专家研讨会讨论问题和进展。这可以说是一个相当"弱"的决定。美国的立场是本次会议损失危害谈判受阻的原因之一。有观察员指出,COP23 上美国代表团对于损失危害的谈判态度比以往任何一届都更加直言不讳。多年来,美国一直反对将损失危害列入 UNFCCC 的讨论范围,因为这实际上是发展中国家就气候变化造成的损失危害提出索赔的基础。特别是在目前美国政府对气候变化持有前所未有的怀疑和消极态度的情况下,任何损失危害议题的进展都有可能使美国不仅退出协定,而且更加彻底地退出公约。因此,认同美国参与的重要性的缔约方可能因此不会在有关损失危害特别是关于资金的讨论中表现得十分积极,这一因素或许是阻碍 COP23 在损失危害方面取得重大进展的最后一颗钉子。[①]

第六,Talanoa 对话部署,也就是 2018 年促进性对话的提前安排。尽管招致部分发展中国家的不满(见本节"会议进程"第二点),斐济在这个议题上算是志得意满。

为体现斐济特色,2018 年促进性对话被别出心裁地命名为"Talanoa"对话,以体现斐济特色。据称这是太平洋岛国的一种传统对话形式,以提倡包容、鼓励参与、保证透明为原则,通过讲故事的形式使对话参与方加深了解、增进互信,共同寻求解决问题的办法。(这不由让我们想起来南非在 COP17 期间组织的"Indaba"议事模式,一种快速达成共识的南非部落议事方式)。对话将围绕"我们在哪里""我们想去哪里""我们如何去"三个主题进行,来评估现有集体努力和长期目标的差距,并探索如何通过气候行动弥补差距。

"Talanoa"对话提前部署不是缔约方充分协商的结果,而是通过圆桌会议、专家会议形成的成果。最后会议阶段,部分发展中国家对参与"Talanoa"对话设计的专业机构(expert institution)提出疑问,质疑这些机构有哪些,是否具有参与缔约

---

① BENJAMIN L, THOMAS A, HAYNES R. An "Islands" COP? Loss and damage at COP23 [J]. Review of European, Comparative & International Environmental Law, 2018(27): 332-340.

方驱动的磋商的资质？

实际上，在大会开幕之前，一份题为"启动《巴黎协定》中的雄心"（Kick-starting Ambition under Paris Agreement）的报告已经在网上公布，作者来自欧洲能力建设项目（ECBI），其成员单位包括牛津气候政策研究所、国际发展和环境研究所（IIED）、领导力研究所（LRI），资助方是瑞典国际发展合作署（SIDA）。报告内容与最终纳入公约决定附件的内容基本保持一致。这也算是小岛国集团与欧盟的又一次通力合作。

2. 成立《巴黎协定》工作组（WPPA），整合细则磋商议题

由于实施细则议题多而分散，既琐碎又相互关联，不可能由协定特设工作组（APA）独立完成，应 COP22 和 CMA1 一号文件要求，在 COP23 形成了《巴黎协定》工作组（*Work Programme under Paris Agreement*），其他附属机构和专家委员会也承担相应的谈判任务（见表 3-1）。其中深色显示的议题为核心议题，由APA 承担。同时，各关键议题在会议结束时也都形成了以"做加法"为主的案文草稿（见本章第四节的表 3-2）。这是 COP23 完成的一项务实任务。

表 3-1　协定实施细则磋商议题一览

授　　权	议　　题	磋商机构
协定第四条（NDC）；1/CP21，22—35 段	NDC	APA
	NDC 登记簿	SBI
	NDC 时间框架	SBI
	应对措施	SBSTA/SBI
协定第六条（合作执行）；1/CP21，36—40 段	合作方式	SBSTA
	合作机制规则、形式和步骤	
	非市场机制	
协定第七条（适应）；1/CP21,41,42 和 45 段	适应通讯	APA
	适应登记簿	SBI
	适应组织机构	AC,SBSTA/SBI
	适应需求评估	AC,SBSTA/SBI
	发展中国家适应努力评估	AC/LEG,SBSTA/SBI
	促进适应融资方法论	AC/LEG, SCF SBSTA/SBI
	适应及其支持评估	AC/LEG, SCF SBSTA/SBI

续表

授　权	议　题	磋 商 机 构
协定第八条（损失危害）；1/CP21,47—51段	华沙损失危害机制	WIM ExCom
协定第九条（资金）；1/CP21,52—64段	公共资金核算（9.7）	SBSTA
	资金信息	COP
	适应基金	APA
协定第十条（技术）；1/CP21,66—70段	技术机制周期评估	SBI
	技术框架	SBSTA
协定第十一条（能力建设）；1/CP21,81段	能力建设组织机构	COP
协定第十二条（教育培训等）；1/CP21,82—83段	强化教育、培训、提高公众意识等活动的执行	SBI
协定第十三条（透明度）；1/CP21,84—98段	行动和支持的透明度形式、过程和指南（MPG）	APA
协定第十四条（全球盘点）；1/CP21,99—101段	全球盘点事宜	APA
协定第十五条（遵约）；1/CP21,102—103段	遵约实施细则	APA
其他事宜*	没有达成共识	APA

注：SBI：公约附属执行机构；SBSTA：公约附属科技机构；AC：适应委员会；LEG：最不发达国家专家组；SCF：资金常设委员会；WIM ExCom：华沙损失危害国际机制执行委员会；COP：公约大会。

注*：两个集团就"其他事宜"的内容有严重分歧，发展中国家要求将协定9.5（关于资金支持的前评估）纳入该议题下，发达国家尤其是美国坚决反对，最终在COP23上模糊处理（见本节"会议进程"第三点）。

第四节　公约第二十四次缔约方大会（COP24）

COP24于2018年12月2—15日在波兰卡托维兹（Katowice）召开。同期召开的还有《京都议定书》第十四次缔约方会议（CMP14）、《巴黎协定》第一次缔约方大会第三次会议(CMA1-3)、公约附属机构第四十九次会议(SB49)以及协定特别工作组第七次会议（APA1-7）。

一、背景：能源民粹主义运动出现

相比 COP22 和 COP23,COP24 之前的国际形势又有新的变化,一方面谈判节奏不得不加快;另一方面"自下而上"的民粹主义运动对能源转型和气候治理带来不良影响。

1. COP24 之前的谈判进展

2018 年是 COP22 设定的完成协定实施细则磋商的时间点。因此,进入 2018 年之后,谈判节奏有所加快。COP24 正式召开之前,除了惯例的年中波恩会议(SB-48 和 APA1-5),还在 9 月份召开了一次曼谷"加会"(SB-48-2 和 APA1-6)。

波恩会议的主要目的是继续推进协定实施细则的磋商,并为 2018 年年底完成谈判奠定基础。此外,会议还根据协定授权举行了促进性对话(别名 Talanoa 对话),缔约方和非国家行为体以"讲故事"的方式分享应对气候变化的经验,提出弥补差距的建议,希望能为更新国家自主贡献(NDC)和 2023 年开展的全球盘点提供支持(见专栏 3-2)。针对实施细则磋商,APA 下的关键议题都在继续做加法。有些对内容进行了有效扩充,各方观点相比之前更加明确(例如,适应通讯和全球盘点),有些在原来已经比较充实的案文基础上,补充了帮助缔约方进一步捕捉核心关切的工具(navigation tool,例如 NDC 和透明度,见表 3-2),有些已经形成了更接近案文的内容(如遵约议题)。分散在附属机构的各个相关议题(例如,NDC 时间框架、市场机制、能力建设等)进展类似。

专栏 3-2　　　　　　　　　　**Talanoa 对话**

在 COP23 斐济主席团的主持下,促进性对话在 5 月 6 日顺利进行,共 210 位政府代表和 105 位非国家行为体代表参加了对话。为保证充分参与,对话分成 7 个小组平行进行,就"我们在哪里""我们要走到哪里"以及"我们如何到达那里"进行讨论。代表们共分享了 700 多个"故事",涵盖国家、城市、商业、学术等各个领域。最广泛的评价是,代表们以轻松自然的方式而不是"缔约方"的方式进行交流(not as negotiators, but as human beings),氛围显得难能可贵。

　　尽管人数不占优，非国家行为体（non-party stakeholders）在对话前后的表现很突出。在会前征集的 220 份提案中，只有 15 份来自缔约方，其余均来自非国家行为体，包括科研学术机构、工商业机构、私人团体、公民社会、次国家政府、联合国机构等。

专栏图 2　Talanoa 对话现场（图片来源：ENB）

　　公约秘书处认为 2018 年波恩会议进展"令人满意"，欧盟评价"一般"（moderate）。各方一致要求举行加会，以完成在本年底达成协定细则的任务。最终决定 9 月在曼谷召开 SB48-2 以及 ADP1-6。

　　曼谷会议维持了类似的进展程度，大部分议题在波恩会议案文基础上有所改善（见表 3-2），但并无实质性突破，各议题均存在政治分歧（例如，如何解读协定下的"区分"）和众多技术分歧，卡托维茨仍面临艰巨任务。

表 3-2　COP24 之前 APA 承担议题的案文进展一览

编号	内　容	焦点问题	案文进展		
			COP23 (2017.11)	SB48 (2018.5)	SB48-2 (2018.9)
1	减缓/NDC	NDC 的范围、性质、核算	180 页	180＋34(tool)	无进展
2	适应通报	具体内容含糊；如何二分？	10 页	30 页	14 页
3	透明度	一本指南还是两本指南？	46 页	48＋20(tool)	75 页
4	全球盘点	如何反应公平？	7 页	14 页	13 页
5	促进遵约	惩罚性、预警性？	14 页	15 页	17 页
6	其他	例如，适应基金	16 页	16 页	4 页

从文本的"厚度"看,NDC 和透明度议题的内容最为丰富。NDC 议题包含了NDC 的性质(包括范围)、信息和核算三个重量级内容,各方的观点分歧很大(特别是 NDC 的范围),加法阶段每一个关切都不能丢下,因此形成了一个比较庞杂的系统。透明度议题的基础比较好,同时又是发达国家极力推进的议题,因此进展相对快,层次也较为清楚,预计将是这几个议题中最具有操作性的一个(见专栏 3-3)。作为提高力度重要手段的"全球盘点"是磋商中最面临挑战的议题。在 SB48 之前,该议题基本处于胶着状态。SB48 取得一定进展,特别是"公平"原则的加入受到了发展中国家的欢迎。但是该议题要想取得突破性进展几乎是不可能的。散落在各种渠道的资金议题更一直是"老大难"问题。

专栏 3-3　　　　　　　　　**透明度谈判进展示例**

透明度机制被认为是各方建立互信的基础。在 2009 年哥本哈根会议上一经美国提出就成为热点问题,此后不断推进。《巴黎协定》初步确定了"三分法"(发达国家、最不发达国家＋小岛国、其他国家)的框架,操作细节在后续谈判中确定。由于这个议题具有较好的基础,公约、《议定书》和"巴厘路线图"下的透明度机制已经相对完整,同时预期到不会给发达国家新增额外压力,发展中国家将承担更多义务,发达国家努力推动这个议题。此外,我国作为议题的协调国之一在透明度机制方面做了大量国内工作,也表现出积极推进的姿态,因此进展相对顺畅,有望在2018 年年底达成非常具有操作性的实施细则。

磋商的主要内容包括以下几个方面。

(1)总体考虑和原则:目标、指导原则、结构与其他机制的关联、发展中国家灵活性、持续性进展、避免不必要的重复和负担、程序性问题。

(2)国家温室气体清单:目标和原则、定义、国情和清单组织机构、方法(方法论/参数/数据、关键排放源分析、重新计算、不确定性分析、完整性评价、质量控制、质量保证、单位)、报告指南(方法/交叉性问题、部门和气体、时间序列、提交频率、能力建设需求、改进计划、递交程序/报告格式)等。

(3)NDC 进展评估所需信息:目标和原则、国情和组织机构、NDC 描述、NDC执行阶段进展跟踪和最终实现程度跟踪、政策措施/障碍/成本、排放小结、排放预测、核算信息、市场机制信息、其他信息、能力建设需求、改进计划、报告格式。

(4)关于气候变化影响和适应的信息:目标和原则、国情和组织机构、脆弱性/风险和影响/方法论、适应政策、损失危害信息、适应优先性/障碍/成本/需求、适应政策执行进展、适应行动监测和评价、好的实践/经验/教训、有效性和可持续性、适应努力识别、报告格式等。

（5）资金、技术和能力建设等：目标和原则、国情/组织机构/国别策略、假设/定义/方法论、发达国家资金支持、提供支持的发展中国家自愿报告信息、发达国家技术发展信息、提供支持的发展中国家自愿报告信息、发达国家提供能力建设信息、提供能力建设的发展中国家自愿报告信息、报告格式。

（6）资金、技术和能力建设需求和获得信息：目标和原则、国情/组织机构/国别策略、假设/定义/方法论、发展中国家资金需求、发展中国家资金获得信息、发展中国技术需求、发展中国家获得技术信息、发展中国家能力建设需求、发展中国家获得能力建设支持信息、发展中国家为执行透明度机制而需要和获得的支持、报告格式。

（7）技术专家审评：目标、原则、范围、审评信息、格式和步骤、专家队伍和组织机构、审评频率、审评报告。

（8）多边进程：目标和原则、范围、信息、方式和步骤、频率、总结报告。

可以看出，透明度议题技术性强，内容极其庞杂，将目前分散开来的报告、审评/技术分析和多边进程内容统统收入，未来将形成一个"一揽子"机制，所有名词术语统一，表面上不再存在"两轨"制。在文本内部，以灵活性（例如，是否需要提交某类内容、提交完整报告还是相关信息、递交频率不一）、支持和能力建设需求作为区分三个集团（发达国家、发展中国家、根据国情需要灵活性的发展中国家）的标准。此外，作为协定新的内容，发展中国家自愿为其他发展中国家提供的资金、技术和能力建设支持也将鼓励以自愿形式进行报告。

细则磋商的共同焦点问题还是如何保持"二分"这个传统问题。相比较而言，协定已经相当淡化了"二分"方法，总体来看，**"统一框架＋灵活性＋能力建设"正在成为被各方所接受的保持区别的普适方法**，原汁原味的解读（附件一＋非附件一的泾渭分明的"二分"）在巴黎会议之后已经变得不可能。

2. 法国"黄马甲"运动及其反映的气候政治动向

从 2018 年 11 月 7 日开始，法国各地出现了以穿着黄背心上街为标志的抗议游行，直接原因是为了加快能源转型、降低碳排放，法国政府决定加征燃油税。出人意料的是，这场游行很快就演变成为一呼百应、持续扩大的全国行动，一直持续到 2019 年，至今还未见到真正终结。

法国是能源转型的引领者之一，总统马克龙自上任以来便推动落实一系列绿色政策,致力于成为积极应对气候变化的政治领袖。虽然能源转型在很多研究话语中都是有百利而无一害的,但可再生能源的开发、输送和消费实则会衍生一系列外部性问题。起步阶段的能源转型容易造成公众用能成本的大幅上涨,增加生活负担。而能源转型的全民性特点,又会使得转型进程中的各种问题容易被迅速政治化,民众的不满情绪和激烈诉求容易积聚,诱发各种形式的民粹主义。

能源民族主义广泛存在于欧洲各国,无论是能源转型积极的国家还是相对后进的国家。转型成本分担的公平性是民粹主义的主要关注点和集中抗争点。在"黄马甲"眼中,目前的能源转型变成了一场精英阶层主导的成本转嫁,他们反复强调三个维度的成本分担不均——阶层分担不均、地域分担不均、行业分担不均。尽管某些诉求反映了民众合理的关切和中档的诉求,指向的是能源转型的分配正义和程序正义,但是,能源民粹主义对正义的呼吁并不能掩盖其中所蕴含的非理性论述、后真相逻辑、利己思维及暴力行动。[①] 这也呼吁各国政府能够坚持能源转型的正义性,同时为各类社会主体提供多元化的参与平台和机制,在重大政策制订、重大项目落地的过程中保证社会组织和公众的参与权、监督权。

3. 波兰作为 COP24 东道国

波兰是唯一一个在十年之内三次主办 COP 大会的国家(2008 年的波兹南会议、2013 年的华沙会议以及 2018 年的卡托维茨会议)。波兰是欧洲的煤炭消费大国、COP24 召开之时唯一没有批准《多哈修正案》的欧盟成员国,在谈判中的立场一直比较消极。2008 年的 COP14 和 2013 年的 COP19 都是波澜不惊的过程性会议,但 COP24 略有不同,无论大小也是一个时间节点。在会前的各种吹风会上,波兰暗示只会将达成协定细则作为唯一的追求目标,不准备在 COP24 上就提高各方行动力度形成任何决定,资金问题也不在优先序列。这在意料之中,国际社会对波兰不会有额外的期待,尽管场内场外还会对长期目标、力度、资金等进行新一轮辩论。

二、会议进程：1.5℃特别报告集中反映分裂的气候政治

尽管从最终的成果看,COP24 达成了协定实施细则的初步成果,基本实现了

---

① 张锐,寇静娜."黄背心"政治与欧洲能源转型[J].读书,2019(8):3-13.

治理规则的"统一"，但从进程中看，与"全球化"进程遇阻类似，气候世界再一次呈现出了各种分裂。

1. 应对气候变化的紧迫性与 IPCC 1.5℃ 特别报告的尴尬境遇

2018 年 10 月，IPCC 1.5℃特别报告正式发布，成为新的旗舰型报告，针对普遍认为不可行的 1.5℃升温阈值和排放途径进行了评估，并与 2℃升温阈值的差别进行了比较，以及如何与可持续发展目标关联。[①] 该特别报告被普遍评论为是关于 1.5℃长期目标的、到目前为止"最好的科学认知"。

在 COP24 上，未来地球、地球联盟和德国波兹坦研究所继在 COP23 上发表"气候变化十大须知"之后，再次发表了新版"气候变化十大须知"，成果既与 IPCC1.5℃报告保持总体一致，也有自身的侧重点：

1）极端气候事件越来越明显地归因于气候变化；

2）不断发展的气候影响说明人类正在接近转折点。一旦到达这些转折点，自然系统可能坍塌；

3）0.5℃意味着什么？ 1.5℃和 2℃之间，气候影响的差别是巨大的；

4）海冰消失和海平面上升的速度都远远超过了 AR5 的估计；

5）更好地管理土地和植被是实现长期目标的前提条件。从 2007 年到 2016 年，土地利用变化产生的 CO_2 排放占全球 CO_2 排放的 12％。如果管理得当，自然系统可以为减缓提供更多的答案；

6）从大气中移除 CO_2 的技术（CDR）选择非常有限；

7）实现 1.5℃要求整个社会技术系统发生巨变，覆盖各个部门，其中城市和能源系统最为关键，技术选择已经成熟了；

8）减少气候风险呼吁更强的政策行动，标准、法规、激励和碳价等政策的综合应用可以有效地促进转型；

9）世界粮食系统应发生改变，例如减少肉类和奶制品的消费。目前许多国家的饮食营养导则与《巴黎协定》长期目标是不吻合的；

10）应对气候变化可以带来全球健康效益。

除了一次强过一次的警告，这份报告的重心不仅在能源系统，更深入到土地利用和农业领域；同时提醒决策者大范围采用 CDR 技术的巨大风险，这与

---

① 姜克隽. IPCC 1.5℃特别报告发布，温室气体减排新时代的标志[J]. 气候变化研究进展，2018，14(6)：640-642.

IPCC1.5℃特别报告有所不同。

　　不论怎样，这两份报告都有一样的"初心"，一方面一遍遍警告临界点的迫近；一方面也表明只要从现在开始加强行动，窗口还在那里。然而，IPCC 1.5℃特别报告在COP24遭遇了部分缔约方的阻击。按照惯例，特别报告是IPCC应巴黎气候大会一号决定要求而组织全球科学家完成的，完成通过之后公约应该有所回应。按照议程安排，公约科学技术咨询附属机构（SBSTA）下的"研究和系统观测"议题对特别报告进行回应。这一直是一个不起眼的小议题，但在COP24上却罕见地成为焦点。在案文磋商中，缔约方如何表述对此特别报告的态度成为关键。备选项有三个：注意到（note）、感谢（acknowledge）、欢迎（welcome）。经过不公开的磋商之后，递交到SBSTA闭幕大会的案文选择了中立的"take note of"，也就是"注意到了"IPCC特别报告，相当中立。现场引起了拉美独立国家联盟（AILAC）、环境完整集团（EIG）、最不发达国家（LDC）、欧盟（EU）、挪威、加拿大、新西兰、加纳、南非等国家的强烈反对，尤其是通过1.5℃报告时的IPCC会议主办国韩国两次表示强烈抗议，强烈要求更换为welcome。而沙特、科威特、俄罗斯和美国这四个油气生产大国反对对该报告表示欢迎（在场外，美国国务院公开声明美国不支持IPCC的研究结果，并呼吁在关于气候变化的讨论中保持现实主义①）。中国、印度和澳大利亚则保持沉默。会议一度休会近两个小时，以寻找大家都能接受的措辞（见图3-2）。最终使用了"认可IPCC科学工作的意义""感谢科学家贡献"" 欢迎及时发布"等词汇组合，避开了对成果的评论。

　　原因显而易见。1.5℃特别报告所对应的激烈的减排路径（例如，2020年全球排放达峰、2050年实现净零排放），对任何一个排放大国和以油气产业为主的国家都是巨大的挑战。在这个问题上，对减排有强烈诉求的缔约方（如小岛国、最不发达国家）一直站立道德高点并借此向其他缔约方施压的欧盟与油气生产国家以及其他排放大国形成了明确的对立，尽管科学应该是"不容谈判"的。

2. 能源转型紧迫性与公平转型的矛盾

　　应对气候变化的紧迫性为能源转型提出了更高要求，"去煤"依然是COP24的重点话题之一。然而，波兰是全欧盟煤炭工人最多的国家，煤炭重镇西里西亚

---

　　① HUELSKAMP T. Heartland Institute Congratulates U. S. State Department for Rejecting IPCC Report［EB/OL］. （2018-12-12）［2020-03-03］. https：//www. heartland. org/news-opinion/news/press-release-heartland-institute-congratulates-us-state-department-for-rejecting-ipcc-report.

图 3-2　SBSTA 闭幕会议上的混乱(图片来源：ENB)

(Silesia)地区(卡托维兹是其省会城市)拥有波兰议会下院 460 个席位中的 55 席和上院 100 个席位中的 13 席，拥有较强的政治力量。作为一个具有代表性的国家，波兰认为，虽然国际劳工组织的研究表明，能源转型将在全球创造 2 400 万个新就业岗位，但并不是所有岗位的工人都会直接得到替代性工作，而且不同地区和行业遭受的损失并不均衡。在波兰，可再生能源刚刚起步，核能发展也处于讨论之中。为确保能源安全、降低对俄罗斯天然气的依赖，波兰政府无法在短期内完全放弃煤炭。作为主办国，波兰在 COP24 大会上发布了《西里西亚团结与公平转型宣言》(*Solidarity and Just Transition Silesia Declaration*)，指出应在实现低碳目标的同时创造高质量的工作，呼吁世界各国保护受能源转型影响的产业工人，强调"谁都不能被落下、谁都不能被伤害"，确保煤炭工人有"体面的未来"。[①] 最终，这个文件得到 12 个缔约方的认可和 44 个部长的个人支持，在大会决定中以"注意到"的形式被提及。尽管如此，与法国"黄马甲"运动一样，公平转型成为快速转型的"对立面"[②]，是每个国家能源转型中都需要面临的挑战。

　　此外，会场上还有相当多对林业生物质能源的碳中性属性的讨论。由于减缓气候变化的紧迫性，一些国家倾向于通过提高森林生物质能源的比例来降低碳排

① KARL M, MEGAN D, NATALIE S. Leaked：draft UN declaration to "ensure decent future" for fossil fuel workers ［EB/OL］. (2018-09-24)［2018-12-04］. https：//www. climatechangenews. com/ 2018/09/24/leaked-draft-un-declaration-ensure-decent-future-fossil-fuel-workers/.

② VONA F. Job losses and political acceptability of climate policies：why the "job-killing" argument is so persistent and how to overturn it［J］. Climate Policy，2019，19(4)：524-532.

放,受到很多科学家的质疑。2018 年 1 月,欧洲 800 名科学家联名上书欧洲议会,强烈要求决策者应将森林生物质能源的利用严格限制在林业废弃物/残余物,否则得不偿失。这个问题在会场上一再被提起,波兰政府提出的"卡托维茨部长林业与气候宣言"(The Ministerial Katowice Declaration on Forests for the Climate)也因此受到冷落。

3. 缔约方持续分化重组

这是个老生常谈的话题,每一次缔约方大会都能看到,此次大会也不例外。原本相对团结的发达国家集团出现了明显的裂痕,"伞型集团"发言频率明显降低,美国自降身段与沙特为伍,甚至举办了振兴煤炭行业的边会,受到各方抨击;原本就逐渐分裂的发展中国家集团更加分裂。公约决定已经将最不发达国家(LDC)和小岛屿国家(SIDCs)从非附件一国家中"分离"出来,给予特殊考虑;立场相近发展中国家(LMDC)和拉美独立国家联盟(AILAC)、LDC 的立场相对;"基础四国"中的巴西更是一反极度具建设性的姿态,成为阻挠会议进程的反面力量;印度对全球盘点中对公平考虑不充分持明确保留态度。最不发达国家集团、非洲集团、小岛屿国家集团、拉美独立国家联盟集团、环境完整集团、欧盟频频互动。会议最后几天,在巴黎会议上正式亮相的"雄心联盟"(HAC)再次发布宣言,要求通过有力度的谈判成果。然而签署这个宣言的缔约方数量(26 个)比 2015 年已经(79 个)大幅度缩水,更少了美国、巴西这样的重量级国家(在巴黎会议上,美国和巴西现场宣布加入该集团)。

气候领袖依然模糊不清。曾经被寄予厚望的欧盟完全失去了将 2020 年目标提升到 30% 的可能性,因为到 2017 年的减排进展是 22%。欧盟的中坚力量德国,其排放量从 2009 年以来就没有再出现下降,2020 年下降 40% 的目标已经成为泡影(2017 年只完成了 32%),同时对欧盟委员会提出的 2050 年实现碳中性的长期目标,德国保持罕见的沉默。在 COP24 上德国宣布将对适应基金的捐赠提高一倍,被认为是用资金购买减排信用。新兴国家的发展阶段还不足以让这些国家贸然成为"领袖"。

就像哥本哈根会议之前世界还没有为一个"覆盖所有国家的全球协议"做好准备一样,卡托维兹会议又一次提醒世界,低碳发展作为一个全新发展模式依然处在初级阶段。量大面广的高碳基础设施、成熟的现有技术和路径、根深蒂固的发展惯性、难以改变的生活方式、既得利益集团的抗衡、主权国家对国家权益的极度保护都使得低碳发展、全球气候治理以及全球治理在重重障碍中前行。

三、谈判成果：通过（未全部完成的）《巴黎协定》实施细则

尽管大会呈现了全球气候治理中的种种分裂和对立，延期一天之后，COP24还是基本完成了马拉喀什授权，对《巴黎协定》涉及的除市场机制外的众多要素作出了一揽子安排（katowice climate package），建立了一系列指导各方在 2020 年后落实和履行协定的机制和规则。因此虽有瑕疵，COP24 算"八九不离十"地完成了预定任务，所以最后大会主席——波兰环境部长米恰·库尔蒂卡（Michał Kurtyka）——才会情不自禁地从主席台上一跃而下。纵观整个细则，这是一个以减缓为中心的统一规则体系；作为平衡，发展中国家享有一定程度灵活性，同时在资金方面有所收获。[①]

巴西在最后阶段充当了阻碍会议进程的反面角色，让关于市场机制的实施细则磋商无果而终，令人吃惊。协定第六条建立了两种国际碳市场机制，分别是第6.2 条～6.3 条建立的合作方法（cooperative approaches）和第 6.4 条～6.7 条建立的可持续发展机制（Sustainable Development Mechanism）。缔约方可利用这两种市场机制开展合作减排以帮助其达成国家自主贡献，未来进一步提升减排力度。从属性上看，第六条的磋商难度很大。与《京都议定书》下发达国家明确的总量减排目标和碳预算（相当于年度目标）相比，协定下的 NDC 形式上五花八门，有定量有定性、有总量有强度、有覆盖全经济范围的有只覆盖部分行业的、有气候目标有非气候目标，大部分发展中国家目标没有明确的总量和预算含义（包括中国），很难直接与《京都议定书》下的市场机制对接，而必须有新的、严格和稳健的核算机制，保证市场交易透明性，杜绝多重计算，从而保证环境完整性。单纯从技术上设计这样一个核算机制都是非常困难的，更不要说还有近 200 个缔约方的不同诉求，磋商的难度可想而知。

细则磋商的核心原则是避多重计算、保证环境完整性，牵扯到的具体问题包括：(1)由 NDC 覆盖范围之外的政策措施所产生的减排量是否可以交易，或者，交

---

① 朱松丽. 从巴黎到卡托维兹：全球气候治理中的统一和分裂[J].气候变化研究进展,2019,15(2)：206-211.

易之后出售方是否应该相应调整自己的NDC^①，如前所述，很多国家的NDC并不是全经济范围的，而是只覆盖部分行业或部门；(2)《京都议定书》下的清洁发展机制(CDM)所产生的碳信用是否可以过渡到协定下的市场机制，或者，如果可以的话应该有哪些过渡条件^②；(3)合作方法下产生的收益是否应该分成给适应基金，这是非洲集团异常坚持的观点，同样也遭到了发达国家的强烈反对。

相对于对稳健核算机制的普遍呼吁，巴西对第一个问题持保守且坚决的立场，即倾向于弱的核算机制^③，原因不得而知，只能猜测与国内气候政治的困境相关；在第二个问题上，巴西、沙特以及LMDC都要求CDM累积的碳信用过渡到《巴黎协定》下。一直到2019年的COP25(马德里会议)，这几个问题都没有得到解决。按哈佛大学罗伯特·斯塔文斯(Robert Stavin)教授的话说，稳健的核算机制对实施《巴黎协定》非常必要，没有达成协议比达成"坏的协议"要好。

第五节　协定实施细则分析

一般认为《巴黎协定》建立起一个"自上而下"的基于规则的体系＋"自下而上NDC＋审评"的"混合体系"，那么协定实施细则通过细化和夯实"统一规则"为协定注入更多"自上而下"色彩。传统的"二分法"色彩更加削弱，两大阵营之间的区分继续缩减。作为平衡，发展中国家享有一定程度的灵活性，同时在资金方面又有所收获。而在亟须的力度提升方面，大会没有实质进展。这里对本章第一节所述关键问题的磋商结果进行如下分析。

减缓/国家自主贡献(NDC)：规定了缔约方提交未来NDC时需要明确的信息

① SCHNEIDER L, THEUER S L H, HOWARD A, et al. Outside in? Using international carbon markets for mitigation not covered by nationally determined contributions (NDCs) under the Paris Agreement[J]. Climate Policy, 2020, 20(1): 18-29.

② 高帅，李梦宇，段茂盛，等.《巴黎协定》下的国际碳市场机制：基本形式和前景展望 [J]. 气候变化研究进展，2019, 15 (3): 222-231.

③ 陶玉洁，李梦宇，段茂盛.《巴黎协定》下市场机制建设中的风险与对策 [J]. 气候变化研究进展，2020, 16 (1): 117-125.

和核算规则,初步确定了登记簿的模式和程序。对于发展中国家关注的 NDC 范围问题,决定申明以减缓为中心的信息和核算规则,<u>不排斥</u>在 NDC 中纳入其他内容。NDC 的时间框架问题尚没有完全解决。但在形式上,起始点将 NDC 和减缓捆绑在一起,已经说明 NDC 的核心内容是减缓,适应是可选的。

适应:磋商重点是适应信息通报。会议制订的导则指出适应通报是国家驱动和灵活的,<u>是否递交不具有强制性</u>;递交之后不进行缔约方之间的比较,也不接受审评;作为平衡,适应基金未来将专门服务于协定,适应登记簿也将上线。此外,导则还提出了针对适应委员会相关方法学的指导。①

透明度:这是体现规则统一性、建立"共同强化"体系的最重要环节,也是在协定确定的"自下而上"治理框架基础上以透明度促治理(transparency for governance)的集中体现。② 对于协定缔约方,现有的基于《坎昆协议》透明度规则(泾渭分明的双年报/双年更新报、专家审评/技术分析、多边评估/促进性观点分享)最晚到 2024 年 12 月 31 日休止;双年透明度报告(TR)系统将统一替代上述规则;缔约方应不晚于 2024 年 12 月 31 日前提交第一次双年透明度报告,公约不晚于 2028 年组织第一次协定意义下的评审。必须报告的内容包括:国家清单和 NDC 进展评估信息;发达国家提供的资金、技术和能力建设支持。如上文所述,适应信息可选。透明度报告和评审统一指南在后续谈判中确定。公约下的其他报告义务延续,例如每四年递交一次国家信息通报、发达国家递交年度清单报告。当国家信息通报与双年透明度报告重合时,两份报告可以合二为一,但必须增加关于气候研究、系统观测、教育、培训和公众意识内容以及适应信息。特别之处是发达国家提交的年度清单和国家信息通报的报告与审评都将遵循统一新指南开展,便利报告的编制和审评。针对非协定缔约方的公约缔约方(目前土耳其、伊朗、伊拉克不是协定缔约方,美国启动了退出协定进程),现有的透明度机制依然适用。针对灵活性,细则要求发展中国家自我甄别,明确适用灵活性的具体条款并提出改进计划时间表。对于发展中国家需要的支持,决定申明在接到申请的情况下继续为发展中国家提供能力建设支持(但没有说明资金来源)。

全球盘点:相关决定没有技术性附件,框架性约定居多。全球盘点将以缔约

---

① 刘硕,李玉娥,秦晓波,等.《巴黎协定》实施细则适应议题焦点解析及后续中国应对措施 [J]. 气候变化研究进展,2019,15(4):436-444.

② 王田,董亮,高翔.《巴黎协定》强化透明度体系的建立与实施展望 [J]. 气候变化研究进展,2019,15(6):684-692.

方驱动的方式进行，考虑公平和科学研究进展；步骤包括信息收集和准备、技术评估以及对产出的考虑(注意并不是产出本身，侧重讨论技术评估产出的含义，为后续各方以国家自主的方式提高行动和支持力度以及强化国际合作提供信息①)；建立技术和高级别对话进程；强调盘点的重点是集体评估，不针对单一国家，致力识别不同领域强化行动和支持整体进展的机会和挑战，以及可能的做法和优良实践。盘点最终产出形式可以是缔约方大会决议，也可以是政治倡议。

资金：基于在减缓和透明度机制的"让步"，决定要求发达国家从 2020 年起每两年提交项目级别的事前资金信息，并接受以综合报告、研讨会和部长级会议为手段的"准"评估；2020 年 CMA3 还将启动确定新的资金支持目标(＞＝1000 亿/年)的进程。

遵约：属于较早达成一致的议题。实施细则明确了遵约委员会的启动方式、程序、措施和产出、系统性问题、机构安排等。文件强调"尊重国家主权，不是作为强制措施或争端解决机制，也不施加惩罚或制裁"，触发遵约机制的条件仅限于没有通报国家自主贡献、行动和支持透明度报告，或发达国家没有按 9.5 条款提交资金支持双年预报等少数几种情况，但并不涉及这些通报内容本身究竟是什么，且用了大量"酌情考虑"的表述。

雄心和力度提升：这不是一个具体的议题，但频繁出现在辩论中。在 COP24 上总有三个议题与此相关：IPCC1.5℃特别报告、促进性对话和(发达国家)2020 年前减排力度。对于 IPCC 报告，大多数国家表示欢迎，少数国家表示反对，印度和中国谨慎地保持缄默。最终的决定中采用了"认可 IPCC 科学工作意义""感谢科学家工作""欢迎及时发布"等字眼，延续到 2019 年波恩会议，这个问题也没有解决，不了了之②；对于贯穿 2018 年谈判的促进性对话，大会也仅仅表示"注意到其成果"、希望各国在准备 NDC 的时候参考；对于 2020 年前减排力度，相关决定大都在重申之前的共识，例如敦促各国尽快批准《多哈修正案》、2020 年更新初始 NDC 或提出新的 NDC 等。

2020 年后，合作应对气候变化的体系和规则大致已经建立起来，不论是"严格二分"也好、"对称二分"也好，考虑不同国情的共同制度框架正在逐步替代发达国

---

① 柴麒敏，傅莎，祁悦，等.《巴黎协定》实施细则评估与全球气候治理展望[J/OL].气候变化研究进展：1-11.[2020-03-24].http://kns.cnki.net/kcms/detail/11.5368.P.20200117.1734.002.html.

② NATAILE S, MEGAN D. Bonn climate talks end with Saudis and Brazil defiant[EB/OL].(2019-06-27)[2020-02-13]. https://www.climatechangenews.com/2019/06/27/bonn-climate-talks-end-saudis-brazil-defiant/.

家和发展中国家的区别，这应该是推动应对气候变化这项全球共同事业取得前进的必由之路。经过"发达国家率先减排"的《京都议定书》两个承诺期的实践后，各缔约方基本回到了同一起跑线上，而且是一条相对宽松的起跑线。这种演进方式是对目前全球政治经济现实的客观反映，也是中近期的"次优"和最合理选择，也是应对气候变化进程中的一种"过渡模式"。这种演变说明国际气候制度的发展不是直线型和单向的，而是有曲折有迂回。这种模式暂时放弃了"力度"要求，更注重缔约方的全面参与，引导各国都参与低碳转型实践；同时通过审评和盘点机制，明确减排差距提高紧迫性，通过公约内自愿提升 NDC、公约外发展各种机制、鼓励非国家行为体等多种措施，多方面发掘减排潜力，最终在全球形成绿色发展的氛围，推动减排成为一种"自觉"行为。**最终的国际气候制度还应该回归兼具法律强制力和减排力度的全球协议模式，或者在"国家自主贡献"基础上的、满足科学要求的高力度松散模式**。不论怎样，关于力度的谈判都是下一阶段的重点任务。

第六节　全球气候治理：统一和分裂并存的共同体

就全球气候治理而言，这是一个最好的时代。经过六年的延迟之后（从 2009 年的哥本哈根会议到 2015 年的《巴黎协定》），全球各国求同存异达成的《巴黎协定》成为一份名副其实的全球气候协议，广泛的参与度引领气候治理进入新的阶段；三年之后（从 2015 年的巴黎会议到 2018 年的卡托维兹会议），《巴黎协定》实施细则也如期达成，尽管不够尽善尽美，已经为 2020 年后实施协定准备好了绝大部分机制和规则。

这也是一个最坏的时代。全球气候治理所依赖的"全球化"在 2016 年即遭遇明显挫折，集中体现为反对外来移民、反对自由贸易、收回似乎让渡出去的国家主权、减少国际公共物品的提供、压制新兴国家等国家利己主义行为。阳光底下无新事，从历史角度看，每一次"去全球化"浪潮都伴随着对国家利益的重新考量。① 历史累积排放第一的美国宣布退出协定并在协定生效满三年后正式启动进程，澳大

---

① 汪毅霖."逆全球化"的历史和逻辑[J]. 读书，2020(2)：14-23.

利亚、巴西几乎放弃气候政策，英国退出欧盟，而欧盟在经济社会多重压力下，难以
表现出领导力。《巴黎协定》的"高光"并没有持续很长时间，这是之前没有预料
到的。

2009—2018 年堪称气候磋商"黄金十年"（见表 3-3）。这十年当中，以公约为
主渠道的国际气候制度的发展一波三折，最终形成的成果是公约基本原则依然适
用但其内涵得到扩充、规则从泾渭分明的"二分"变迁为统一框架和机制、灵活性内
嵌的《巴黎协定》及其实施细则。可以说"统一""全覆盖""全面参与"是这十年谈判
的关键词，即便是以折损力度和雄心为代价。例如实施细则中，减缓章节明确了各
国未来提交 NDC 时应该明确的统一信息和核算规则，灵活性表现为与适应相关的
内容可选；透明度章节更是终结了多年来并行的两套报告和审评指南，灵活性由缔
约方自行选择。市场机制久拖不决，正反映了大部分缔约方寻求稳健的核算、交易
规则的决心，不为某些原因留出漏洞，谨防灵活性过头，与统一规则要求一致。反
映到更核心的缔约方"二分法"，考虑不同国情的共同制度框架将最终替代发达国
家和发展中国家的区分，"历史还债"的故事逻辑将被"责任共担、机遇共享"取代。[①]

表 3-3　2008—2019 年气候谈判一览表

历次会议	授权任务	关键成果	对国际气候制度发展的意义
2009-COP15（哥本哈根会议）	完成"巴厘路线图"谈判，就 2012 年之后的"双轨"国际气候制度达成协议	没有完成授权任务，形成没有法律地位的"哥本哈根协议"	虽然普遍评论为"失败"，实则在某种意义上奠定了《巴黎协定》基础
2010-COP16（坎昆会议）	继续"巴厘路线图"谈判	《坎昆协议》，将"哥本哈根协议"法律化	确定了"巴厘路线图"成果基本框架
2011-COP17（德班会议）	继续"巴厘路线图"谈判	德班授权以及"巴厘路线图"阶段性重要成果	启动 2020 年后国际气候制度磋商
2012-COP18（多哈会议）	继续"巴厘路线图""双轨"谈判以及开启"德班平台"谈判，罕见地"三轨"并行	终结"巴厘路线图"谈判，正式达成《京都议定书》二期《多哈修正案》	哥本哈根会议"残局"收拾完毕，国际社会应对气候变化进程实现平衡平稳过渡

① 柴麒敏,傅莎,祁悦,等.《巴黎协定》实施细则评估与全球气候治理展望[J/OL].气候变化研究进展：1-11.[2020-03-24].http://kns.cnki.net/kcms/detail/11.5368.P.20200117.1734.002.html.

历次会议	授权任务	关键成果	对国际气候制度发展的意义
2013-COP19（华沙会议）	进入"德班平台"谈判专属时间，努力为 2015 协定奠定基础	启动确定预期国家自主贡献（INDC）的工作	首次提出 INDC 概念（《巴黎协定》达成后，INDC 自动转成 NDC，奠定"自下而上"基础）
2014-COP20（利马会议）	继续"德班平台"谈判	"利马行动计划倡议"，确定了"2015 年协议"的原则、明确提交 INDC 的时间表和信息内容以及提高 2020 年前减排力度的工作安排	坚持了"共同但有区别"责任原则，但扩充了对原则的理解，暗含"自我区分"意味，与"国家自主"一起奠定了新协议"自下而上"基础
2015-COP21（巴黎会议）	完成"德班授权"	精妙平衡的《巴黎协定》	人类应对气候变化的又一个里程碑
2016-COP22（马拉喀什会议）	开启《巴黎协定》实施细则磋商	《巴黎协定》实施细则磋商工作计划	"去全球化"、美国大选压力之下各国团结一致开启新工作
2017-COP23（斐济/波恩会议）	《巴黎协定》实施细则磋商	"斐济实施动力"，实施细则案文初稿	美国宣布退出《巴黎协定》的不良影响开始显现
2018-COP24（卡托维兹会议）	完成细则谈判	卡托维兹一揽子决定，实施细则初步确定	统一的机制和规则为《巴黎协定》注入更多"自上而下"色彩；协定力度缺失的缺憾没有得到弥补

统一之中总能看到分裂的阴影，如影随形。美国这个大块头给气候治理带来的撕裂以及其带来的负面影响已经论述了很多，这里不再赘述。我们还看到了科学和政治的持续分裂。IPCC1.5℃特别报告以及 2019 年 5 月通过的 IPCC 清单方法论完善报告[①]都遭到了部分缔约方的阻击，以至于公约决定甚至不能正面提及其研究结论。能源转型与公平转型相伴，演化为自下而上的"能源民粹主义"，后真相时代真假难辨。国家行为体的迟疑使得公约、联合国不得不将提高力度的希望更多地寄托在"非国家行为体"，在一定程度上这也是对我们一直倡导的"公约主渠道""缔约方驱动"气候治理的一种分裂。

十年黄金期已过，希望这股势头持续，不仅需要继续夯实细则，更要在气候治理最亟须的地方发力，释放更积极信号。这谈何容易——需要大国带头寻找国家

---

① 朱松丽，蔡博峰，方双喜，等. IPCC 国家温室气体清单方法学指南发展和影响评述［M］//应对气候变化报告（2019）：防范气候风险.北京：社会科学文献出版社，2019：311-323.

利益和全球利益的合理平衡点，需要创新技术跟进，甚至还需要修正食谱——人类已经错过了不付出任何代价就能应对气候危机的窗口期了。然而看上去还有可能失去最后的机会。

第七节　外一篇：公约第二十五次缔约方大会（COP25）

在笔者艰难撰写文稿的时候，又一次气候大会也已经结束，这里一并进行简要介绍和分析。2019 年 12 月 2—15 日（延期两天），《联合国气候变化框架公约》第二十五次缔约方大会（COP25）暨《京都议定书》第十五次缔约方会议（CMP15）以及《巴黎协定》第二次缔约方会议（CMA2）在西班牙马德里召开。举办地的确定一波三折，两年前即确定由巴西主办，巴西政府换届之后随即撤回了申请，同属南美的智利接棒，然而临近会议智利社会也出现动荡，庆幸的是两天之内西班牙火速接盘。会议的重点任务自然是完成 COP24 未尽事宜，即关于市场机制的磋商，同时推动其他工作的继续细化。同时，不出所料，强化行动增强力度的声音越来越强，在一定程度上压制了市场机制的热度。

一、背景：2050 年净零排放成为热词

"2050 年净零排放"成为 2019 年气候治理的一个"热词"，这首先与 1.5℃温升控制目标和 IPCC 系列特别报告结论相关，即 2℃阈值不是安全值，而是一个"警戒值"，不会保证整个地球生态系统的安全，1.5℃阈值下的气候影响会比 2℃大大降低。另外还有以下两个明显的原因。

第一，气候变化加速，全球碳排放空间的进一步紧缩。按惯例，几个重量级国际报告在会议前和会议中陆续发布：世界气象组织发布了"世界气候特别报告"，世界银行发布了《排放差距》2019 年度报告，全球碳预算项目组发布了 2019 年度报告，"未来地球"等科研机构再一次联合发布 2019 气候科学/政策十大认识。总

体而言,从 2016 年大气 CO_2 浓度超过 408ppm 以来,2018 年达到 407ppm,估计 2019 年将超过 410ppm,2015—2019 年是连续 5 个最热年份,气候变化在加速,速度和强度都超过预期;2018 年全球碳排放继续上升,比 1990 年上升了 60%,预计 2019 年持续这种趋势,2020 年左右全球排放达峰的可能性几乎不存在;在这种情况下,要维持 2℃ 和 1.5℃ 路径,2030 年排放量应至少比 2018 年分别降低 25% 和 55%,快速并深度减排压力越来越大;全球升温已经达到 1℃,频繁极端气候事件成为新常态,人类已经站在"临界点"上,距离不可逆转的生态危机、粮食/水危机、健康影响仅一步之遥。

第二,气候社会活动进入新的阶段,"气候政治"或正在形成气候。参加 COP25 的非政府组织、社会团体、青少年组织达到前所未有的规模,以略显激进的方式推动气候进程。从 2019 年伊始,校园气候倡议活动遍布全球大多数国家,代表人物 16 岁瑞典"环保少女"格蕾塔·通贝里当选美国《时代》周刊 2019 年"年度人物"。"通贝里现象"凸显欧洲各国民众对环境保护问题的重视,特别是年青一代。近几年来,欧洲国家极端天气情况增多。欧洲许多年轻人认为,应对气候变化不力最终将使他们在未来承受后果。与父辈相比,欧洲国家的年青一代在环保方面更加注重具体行动,绿色低碳的生活方式颇为流行。在 2019 年 5 月底的欧洲议会选举中,多个欧盟国家的环保主义政党异军突起,年轻选民的力挺是主要原因之一。在法国,18~24 岁的选民有 25% 在欧洲议会选举中投给绿党,在德国这一比例高达 34%。在芬兰,绿党参与的执政联盟 2019 年 6 月初宣布,计划在 2035 年前实现"碳中和",比原计划提早十年,目标是成为首个放弃化石燃料的工业国。欧盟新任主席冯德莱恩承诺应对气候变化将是她任期期间最重要和首要的任务。在未来的欧洲甚至世界政治中,气候变化议题会变得越来越重要,"气候政治"正在崛起。

2019 年 9 月联合国气候峰会上,联合国秘书长敦促各国向"2050 年净零排放"目标迈进;智利总统倡议建立"雄心联盟",旨在敦促各国以 2050 年净零排放和 1.5℃ 为目标,制订和提高国家自主贡献力度。纵观全球,截至 2019 年年底,COP25 之前已经法律化、正式提出或正在讨论、研究 2050 年净零排放的国家接近 70 个,其中发达国家和经济转型国家近 20 个,其他较大经济体包括墨西哥、阿根廷、哥斯达黎加、哥伦比亚等。伞形国家,除新西兰外,均不在这个行列。日本提出了 2050 年减排 80%~95% 的长期战略,同时它也是除我国之外最大的煤电投资国家,因此备受批评。

二、会议进程：2050 净零排放"喧宾夺主"

欧盟委员会在会议期间发布了"2050 绿色新政"（European Green Deal）政策性报告，重申了欧盟建设绿色高效且有竞争力社会、2050 年实现净零排放的愿景目标。报告同时提出，2020 年 3 月欧盟将提议第一部洲际"气候法律"，努力为 2050 净零目标保驾护航；2020 年欧盟还将正式通知公约秘书处，将 2030 年目标提高到比 1990 年降低 50%～55%（目前的目标是 40%）。特别是，欧盟罕见地高调提出，如果其他国家减排措施不对等，欧盟可能会实施边境调节税。

如何推动经济/能源转型自始至终都是场外活动的焦点。在大会正式安排的近 200 场边会中（不包括各国自行举办边会），冠以"绿色转型""能源转型"或此为主要内容的边会接近 20%，广泛涉及煤炭产业退出、可再生能源发展、技术创新、公平转型等议题。IEA 发布了《天然气发展报告》，强调天然气在能源转型中的重要和过渡地位。中国可再生能源产业协会也组织了一场重量级的边会活动，宣传中国可再生能源发展政策和成就；隆基绿能科技有限公司高调发布了《中国光伏发展 2050》报告。与场内消极的政治动态相比，场外信息传递出相对积极的信号。

美国众议院院长率队参加了会议，宣布"美国还在"，但在减排行动方面，所能展示的只能是州级政府的积极动向。值得注意的是，在会议期间，彭博慈善基金会发布了一份关于加速美国减排行动的报告，表明在地区和城市政府的努力下，美国可以完成其 2025 年比 2005 年减排 26%～28% 的目标，到 2030 年这一目标可以达到 37%～49%，但没有实质性地讨论 2050 年净零目标（奥巴马政府曾经提出过 2050 减排 80% 的目标）。

虽然场内磋商进展不大，关于碳定价的研讨交流非常丰富。这是"中国角"边会的重头戏之一，也是其他会场的重要内容。交流内容既包括碳排放权交易，也包括碳税，甚至也包括排放标准。这一方面说明，碳定价目前依然是最重要的减排政策工具；另一方面也说明，即使没有统一的国际核算标准，碳定价依然是各国政府减排政策的首选，只要在区域（如中国）或者双边（如中韩）碳市场建设中达成一致，碳交易就可以进行，为企业提供便利条件。当然，这也进一步对国际机制（协定第六条）的尽快达成提出需求，保证交易的国际认可度和气候完整性。

三、谈判进展：依然未完成协定第六条（市场机制）磋商

COP25 的首先任务是解决 COP24 的遗留问题，即确定协定第六条实施细则，同时为 2020 年更新各国第一轮自主国家贡献（NDC）做准备。从谈判成果看，COP25 并未完成这个任务，关于协定第六条的实施细则依然难产，提高力度（不论是资金还是行动，不论是 2020 年年前还是 2020 年年后）也没有明确的决定。所有未决问题再一次留给 COP26，该会议将于 2020 年 11 月在英国格拉斯哥举行（因新冠疫情已延期）。

提高力度是一直以来的诉求，包括 2020 年前（《议定书》第二承诺期）的行动力度、2020 年后的行动力度（目前大部分 NDC 的时间节点是 2030 年）以及资金支持力度。面对气候治理的低迷状态，尽管场外喧嚣，除了小岛屿国家、部分拉美国家和欧盟，其他缔约方都对提高力度的实际行动保持沉默。最终仅仅形成了一个试图提高力度文件草稿（a draft of new national climate pledges）。

根据《巴黎协定》和相应缔约方会议决定要求，各国应在 2020 年通报或更新各自在 2015 年提出的国家自主贡献，并提交长期低温室气体排放发展战略。这两份新的官方文件提交后，必将推动全球学界和决策界就全球行动目标力度进行评估，并提出进一步要求。

第四章

全球气候治理的溢出效应研究
——中国参与全球气候治理的认识和经验

在 2009—2018 年的黄金十年气候谈判周期中，中国代表团日渐成熟，显示出越来越多的自信、贡献出越来越多的智慧，不仅为全球也为自身治理体系和治理能力现代化带来了正面积极影响。

第一节　中国参与全球气候治理的经验

一、坚持公约，坚持共区原则，为国内争取发展权利

气候谈判的二十多年间，全球各国的社会经济水平、排放比重与减排能力发生了巨大而深刻的变化。随着新兴大国的崛起，发展中国家的排放占比不断升高，发达国家也对发展中国家承担减排责任提出了更高的要求。2009 年哥本哈根气候大会上，发达国家一度试图模糊发达国家和发展中国家的界线，使以中国为代表的发展中排放大国承担法律规定的减排义务，造成了谈判的僵局。中国政府面对重重压力，客观审视中国的发展阶段与全球排放现状，坚持"共同但有区别的责任"原则，并主动提出未来十年无条件的行动和目标，在维护自我利益的同时彰显了负责任的大国形象。《巴黎协定》为了达到最大限度的妥协，在"共同但有区别的责任与各自能力"后加上"参照不同国情"的字眼，给各国提供了自由解读的空间，但后续谈判中有部分发达国家存在以《巴黎协定》替代公约，以"共同责任"替代"共区原则"的倾向。美国宣布退出，给全球气候治理蒙上阴影，国内国际关于中国填补领导赤字的呼声不断，更多的责任被压在中国这一发展中大国的身上。

但我们需要认识到，从多个角度而言，发达国家主要的历史责任和中国发展中国家的定位是不容质疑的。首先，"共同但有区别的责任"有其客观的现实基础。根据美国橡树岭实验室的测算数据，1750—2010 年，由发达国家，即公约附件一国家所累积排放的 CO_2 占到全球排放量的 70%，意味着发达国家仍是造成温室气体排放和全球气候变化的主要责任方。发达国家今日完备的基础设施、在世界产业链中的位置和在世界经济体系中的话语权是以自工业革命以来不断占用的全球碳排放空间为代价而取得的，因而其在推动全球低碳转型的过程中，不能忽视仍处于经济落后阶段的发展中国家的发展权利。中国虽已成为全球第一大排放国和第二大经济体，但是历史累积排放量仅为美欧总和的 1/5 左右，在人均收入水平、消费水平、经济结构、普遍技术水平、环境状况、社会治理结构等方面与发达国家仍存在不小的差距。中国与其他发展中国家的内部差异不能取代其发展中国家定位，中国采取的主动减排和资金援助措施也不应等同于履行公约的义务或职责。

其次，"共区"原则是团结发展中国家、稳定谈判阵营的需要。中国在气候谈判中长期同发展中国家集团（77 国集团＋中国）协调立场，采取一致的行动，是稳定发展中国家阵营的重要力量。尽管发展中国家内部存在经济发展水平的差异和不同的气候政策利益，但由于其在国际经济、政治等领域的长期弱势地位，独立发声的影响力有限，只有团结在一起才能加强共同谈判的能力，促进整个集团的利益。中国政府高度重视这一谈判规律，在 77 国集团内部进行了艰苦的协调工作，维持发展中国家立场的统一；同时在自身的政策制定方面也考虑其作为排放大国的"共同责任"，通过南南合作平台与其他发展中国家分享经验，主动设立南南合作气候基金，提供 200 亿元人民币的资金支持。中国通过建立与其他发展中国家的友好关系，维护了发展中国家集团的利益，提高了众多发展中国家参与的积极性，对于推动谈判进程、弥合认识分歧有重要意义。

最后，在坚持"共区"原则的同时，也需保持一定的策略与灵活性。《巴黎协定》框架下的"国家自主贡献"（NDC）安排同之前要求发展中国家承担的国家适宜减缓行动（NAMAs）本质上都是坚持"共同但有区别的责任"原则，但前者覆盖了全体缔约方，更符合发达国家要求所有国家承担"共同责任"的诉求。在各国的"国家自主贡献"中，发展中国家可以通过强度目标、峰值目标等模糊性安排与发达国家全经济范围内的强制减排相区别，维护其经济社会继续发展的权利。中国的"国家自主贡献"承诺表明中国将于 2030 年左右达到碳排放的峰值，用"左右"（around）而非"之前"（by）的字眼给国内的发展留下了一定的过渡时间。印度、孟加拉国等国家通过采取"有条件"的 NDC 目标，也对发达国家承担其历史责任提供了一定压力。按照"全球盘点"的制度安排，各国 NDC 将经历五年为周期的动态更新，在更新过程中逐步反映各国排放责任的区别，弥合"贡献"与"碳预算"之间的差距。"自下而上"行动与"自上而下"盘点相结合，是发展中国家与发达国家能共同接受的制度安排。

基于上述原因，"共区"原则与发展中国家定位不仅应成为中国参与全球气候治理的谈判筹码，也应作为中国在经济、政治、环境等更广泛治理领域中的基本定位。在贸易领域,世界贸易组织(WTO)协议中的诸多条款都为发展中国家提供特殊福利、技术援助、更长的过渡期以及较为宽松的义务,同公约下"共区"原则存在重要的规范性重叠。① 为保障公平竞争和公平分配贸易自由化的短期成本,针对部分发展中国家制定特殊规则是合理的也是有效的。例如,由于资源在部门间的流动,要求原本封闭的市场迅速开放将会产生巨大的调整成本,从而对发展中国家的经济运行产生严重影响。在 2018 年中美的贸易纠纷中,关于中国采取"不公平"的贸易行为的指责已成为谈判焦点。中国需要理性认识自己的身份与地位,合理承担作为发展中国家应当承担的义务,避免受到国际舆论的错误引导,丧失发展的主动权与自主权。

二、确保大国外交和全球民主的平衡,提高谈判效率,增进政治互信

作为联合国体系下重要的多边进程之一,气候大会遵循"协商一致""广泛参与"的原则,即所有缔约方均拥有平等的席位,只有全体一致认可的成果才可获得通过。这种机制的安排给予缔约方平等的发言权,尤其是保护受气候变化影响最为严重的最不发达国家(LDCs)和小岛屿国家(SIDS)的利益,有效地维护了决策的民主性、权威性和合法性。在巴黎大会前后,各缔约方进行了一系列磋商,就各议题充分协调立场,保持了协定内容与程序的公开透明。尽管《巴黎协定》耗时多年才得以达成,但其最终成果凝聚了最大程度的利益共识,成为全球气候行动的根本推动力。

但是,"缔约方驱动"的多边进程存在固有的效率偏低、妥协性强的特点,谈判过程冗长,矛盾激烈复杂,此时大国之间的协调与互信可以起到重要的推进作用。在巴黎气候大会前,包括美国、法国、欧盟、俄罗斯、加拿大、印度、巴西、南非以及中国在内的许多缔约方进行了一系列外交努力。中国与美国于 2014 年发布首份《中美元首气候变化联合声明》,开创了各国根据国情和能力自主决定国家贡献的模式,就长期目标、减排力度等关键条款达成共识,为后续多边谈判提供了可行方案与着陆点。在巴黎大会开幕前不到一个月,时任法国总统奥朗德亲自专门为气候

---

① PAUW P, BAVER S, RICHERZHAGEN C, et al. 关于有区别的责任的不同观点 国际谈判中有关共同但有区别的责任概念的最新评述[R/OL]. [2019-12-01]. https://www.die-gdi.de/uploads/media/Neu_DP_22.2014.pdf.

大会访问中国,两国交流信息,互换意见,并签署了中法联合声明,奠定了合作共赢的主基调。不同国家间的双边声明帮助缔约方提前化解分歧,寻找利益共通点,为两周的巴黎大会进行了内容上的铺垫。在《巴黎协定》达成之后,为加快后续落实进程,中美元首分别在签署、生效的关键时间节点发表联合声明,于 G20 杭州峰会前同时提交批准文书,形成了强大的示范效应,为国际社会释放了稳定的信号,鼓舞了其他国家的参与热情。作为最大的发展中国家,中国积极为 G77 集团及其他发展中国家发声,担当沟通发展中国家与发达国家的桥梁,既维护全球的民主平衡以促进公平,又发挥大国的外交力量提高效率。中国在气候治理中独一无二的协调作用,使其成为推动国际气候进程的不可替代的力量。

三、统筹国内国际两个大局,以坚实的国内行动提振国际承诺的底气

《巴黎协定》为全球设立了 2℃温升目标的长期愿景,也为各国国内的低碳进程确定了明确的方向。在 196 个国家的共识下,低碳、可持续发展进程将成为 21 世纪的"主旋律",可再生能源投资与能效提升具备广阔的前景。国际承诺可作为国内行动的推动力,国内行动则是国际承诺的底气。中国政府高度重视统筹国内国外两个大局,以外促内,加快国内应对气候变化工作进展,并将应对气候变化作为促进国内发展转型的重要抓手,以国内行动支撑国际社会负责任的承诺。自 2007 年中国率先在发展中国家中发布《中国应对气候变化国家方案》以来,中国多次将气候变化问题纳入最高议事日程,把应对气候变化视为能源转型、经济增长方式转变与生态文明建设的重要途径,将提高低碳竞争力与实现中国两个一百年的目标联系在一起。除按照公约和协定要求提交国家自主贡献文件之外,中国《"十二五"规划纲要》首次将单位 GDP 的 CO_2 排放降低 17% 作为约束性指标;《"十三五"规划纲要》明确提出生产方式和生活方式绿色、低碳水平上升,碳排放总量得到有效控制,单位 GDP 的 CO_2 排放相对 2005 年降低 40%~45%;《"十三五"控制温室气体排放工作方案》进一步强调 CO_2 排放总量需在 2030 年左右达到峰值并应争取尽早达峰。中国在国际舞台上所做的气候承诺都在国内发展规划中得到了反映,是极少数将应对气候变化设置为国内约束性指标的国家,体现了其坚定落实承诺、言必行行必果的负责任态度。

在重视国内行动的同时,中国也积极拓展与发展中国家的南南合作,投入 200 亿

元人民币建立起"南南合作基金",作为多边框架下发达国家对发展中国家应对气候变化支持的有益补充。2012—2016 年,我国已向 18 个最不发达国家、小岛屿国家和非洲国家等发展中国家赠送多批应对气候变化物资,包括约 1.3 万套户光伏发电系统、1 万套 LED 路灯、117 万盏 LED 灯、1 万台清洁炉灶、2 万台节能空调、1 套气象机动站,并帮助 110 多个发展中国家培训了 2 000 余名应对气候变化领域的官员和专家。在南南合作框架下,全球气候治理的援助体系开始由单一的产品赠送和能力建设向更为广泛的包含技术援助、政策实践交流和战略规划在内的多层次综合合作体系转型。中国基于自愿的互惠行动,履行了作为排放大国的责任,以实际行动对国际"领导力"的呼声进行了回答。通过国内低碳行动与国际承诺的良性互动,提高了本国与部分发展中国家应对气候变化的能力,加速了各国低碳转型的速度,夯实了《巴黎协定》的现实行动力。

在类似的框架下,中国的"一带一路"国际合作也应以内外统筹、低碳发展作为提倡的原则之一。由于中国长期的化石燃料与高碳可持续基础设施发展背景,部分国家对中国提出的"一带一路"的可持续性抱有怀疑,担心国际合作将加剧沿线地区生态环境脆弱的现状,输出粗放的发展方式,恶化本国能源与环境问题。对此,中国一方面需继续保持国内的低碳发展势头,坚持可再生能源部署、过剩产能淘汰的既有进程,提高对项目管理的环境监管,创新可持续发展机制,从行动上作出清晰的表态;另一方面也需本着互利共赢的思想,在"一带一路"基础设施中强化绿色低碳建设和运营管理,在投资贸易中突出生态文明理念,加强生态环境、生物多样性和应对气候变化合作,共建绿色丝绸之路。

四、适当运用谈判艺术,减少纠纷,加速进程

气候变化是一个科学问题,而气候谈判是一个政治过程,需要掌握适当的外交技巧与博弈策略。从公约到《京都议定书》,从"哥本哈根协议"到《巴黎协定》,成也好,败也罢,都是各缔约方争执不休后最终妥协的结果,在众多诉求中艰难寻找"最大公约数"。《巴黎协定》最终实现了 196 个国家的共识,是历史上最多国家参与的具有法律约束力的协定,因而其达成过程中的谈判经验,也值得其他领域吸收借鉴。

首先,适时、适度发挥领导人的政治号召力,奠定谈判主基调。气候变化作为具有全球外部性的问题,需要各国携手解决,此时国家最高领导人的参与可以起到

"风向标"与"定心丸"的作用,为整体谈判指引方向,为广泛参与凝聚动力。尽管多国领导人出席哥本哈根会议,直接参与谈判,介入具体的文本细节,但由于其专业性和谈判经验的参差不齐,导致了职能错配,最终起到了适得其反的效果。巴黎大会将各国最高领导人安排在最初环节,给予其表达国家立场和总体期望的空间。中国国家主席习近平发表《携手构建合作共赢、公平合理的气候变化治理机制》的重要讲话,提出"实现公约目标、引领绿色发展,凝聚全球力量、鼓励广泛参与,加大投入、强化行动保障,照顾各国国情、体现务实有效"的中国方案,号召各方建设"各尽所能、合作共赢,奉行法治、公平正义,包容互鉴、共同发展的未来",从战略高度给实际的谈判工作者予以指导。中国谈判者在领导人发言的基础上贯彻方针指示,有效地推进了谈判进程。

其次,尊重各方关切,避免使谈判成为相互斥责的场所。2009 年的哥本哈根气候大会原本是空前盛大、万众瞩目的一场谈判,119 位国家领导出席,4 万人与会,以期达成一份具有约束力的文本,延续 2012 年《京都议定书》履约期结束后的气候行动势头。然而,尽管各国的政治意愿强烈,却在巨大的分歧面前不断指责,导致谈判举步维艰。欧盟认为中国提出的 2020 年碳减排承诺力度过小,中国认为欧美发达国家资金援助水平过低,美国认为发达国家与发展中国家的"二分法"原则必须调整,各国都陷入向他国施压而避免自身责任的状态,直到谈判结束也未达成有约束力的文本和共识。《巴黎协定》的谈判过程中各方汲取教训,改强制性减排目标为国家的"自主贡献",创立"自下而上"新机制,通过定期的"全球盘点"汇总各缔约方努力,识别全球减排的缺口。尽管这一途径从效果上可能导致各国为自己减排保留余力,却最大限度上保证了集体参与,促进协定的顺利达成。在协定实施细则的谈判中,也曾出现各方僵持不下的场面,而中国巧妙运用底线思维,设计出"搭桥方案"缓解争端。当谈判出现较大分歧时,由中国牵头,采集各方最对立的观点,尽可能寻找"最大公约数"。在充分理解涉及各国核心利益的谈判底线后,对其予以充分尊重,帮助更快找到可能不让所有人满意但大家都能接受的方案。中国在谈判中展现的政治影响力和智慧受到广泛认可,提升了中国参与气候治理的话语权,也对其他领域的谈判磋商具有启示意义。

再次,充分发挥智库、媒体及公民社会的作用,助力影响力建设。对于整体谈判而言,各种形式的非政府组织是一股重要的监督力量,保障不同议题的平衡推进,为破解谈判僵局贡献智慧。由民间环境团体"气候行动网络"组织的气候大会"化石奖"用于评选谈判中减排行动最不力和立场最僵化的国家,该奖项受到谈判代表的高度关注,已成为激励各方贡献谈判力量的潜在压力。在美国宣布退出《巴黎协定》后,气候谈判被罩上一层阴影,而由美国各级人民、企业和组织组成的"美国人民代表团"坚持"我们仍在"的口号,发布《美国承诺》报告,为全球气候治理重塑信心。各国媒体对气候大会的广泛报道也使得气候治理从少数人参与的政治活动变成公众熟知的重要话题,增进了社会对气候变化问题的理解和支持,为就业、经济、能源等方面的转型奠定认知基础。对国家而言,影响力建设更为重要,适当的舆论引导是降低国际压力、避免认知偏见、构建大国形象的重要手段。中国汲取了在 2009 年哥本哈根会议上受国际社会不公责难的教训,在自 2011 年德班会议以来的历次气候大会上设立"中国角"系列边会,展示其在减排实践、低碳发展、气候融资等方面所作的努力。① 直至今日,仍有部分西方媒体过于强调中国煤炭消费的负面效益,而忽视中国对于全球减排的突出贡献。中国还需加大宣传 2030 年左右碳排放达峰甚至提前达峰的重要意义,介绍中国对创新低碳发展道路的探索与实践,一定程度上汲取西方国家"媒体＋智库＋社会运动＋作秀"的宣传经验,降低国际社会对中国行动的误解。

第四,注重专业机构及专家的决策支持,加强并稳定谈判队伍。气候变化问题具有高度的复杂性和专业性,无论是减缓还是适应气候变化都需相应的科学技术支持。中国若要引领全球气候治理取得进一步成效,得到国际社会认可,就需要深入分析进行生态文明建设和打造人类命运共同体对全球、对中国、对主要立场集团应对气候变化的要求,明确中国在全球气候治理各个要素上的底线和基本立场,同时推动气候合作从政治谈判走向技术研发与推广应用。专业机构以及专家的支持能够给中国的国际承诺提供更强的信心和底气。此外,气候谈判的队伍建设需保证规模和结构的双重协调。气候谈判二十多年形成的有形、无形的机制,诸如西方文化、交流语境、文本表达,需要长期的理解与积淀,应培养长期从事谈判的专业性人员,保证核心队伍的稳定性。同时,随着中国国际地位和谈判中话语权和影响力的上升,以及国际谈判的议题日渐丰富,对中国谈判团人数和力量也有更高的要求。相比发达国家,中国参与谈判的顾问和智囊团多以能源、环境出身的理工科专家为主,缺少拥有国际环境法经验的大律师,在涉及技术性细节的问题上有时需要寻求国外律师顾问的帮助。中国的国家气候变化专家委员会已从 2007 年年初的 12 位扩展至 2018 年的 42 位,涵盖领域逐渐扩大,呼应了气候问题综合化的知识需

---

① 李昕蕾. 全球气候治理领导权格局的变迁与中国的战略选择[J]. 山东大学学报(哲学社会科学版),2017,1(1):68-78.

求。今后仍需继续加强能力建设,培养一批熟悉国家方针政策、了解中国国情、具有全球视野、熟练运用外语、通晓国际规则、精通国际谈判的专业人员,为未来更深入的气候谈判做好人才储备。

习总书记在党的十九大报告中指出,"引导应对气候变化国际合作,成为全球生态文明建设的重要参与者、贡献者、引领者",对中国参与全球气候治理作出了明确、清晰的定位。习总书记的论述主要基于两方面的客观现实:第一,中国目前在全球的排放占比高,未来减排潜力较大,是未来全球应对气候变化主要的贡献国家;第二,中国的态度较为积极,主动搭建了发展中国家与发达国家间沟通的桥梁,并将国内的节能减排行动与国际承诺结合,实现了内外互动的良性循环。但必须强调的是,仅有以上两条理由,不足以实现里程碑式的《巴黎协定》,中国在巴黎气候大会上的成功表现,更多是前期要素积累的结果。坚持原则、守住底线、领导谋划、专家支持,这些在气候谈判中积累的外交经验,使中国既维护了自身的国家利益,改善了国家形象,又进行了充分有效的国际沟通,最终赢得了国际社会的广泛赞誉。这些经验的总结、提炼、巩固、升华,有望应用于未来经济、贸易、安全等其他领域的全球治理和国际谈判中,融合于构建"人类命运共同体"的宏观框架下,使中国在更广与更深的层面上构造全球治理的影响力。

第二节　气候治理对其他领域全球治理的溢出效应

全球气候治理是全球治理的重要组成部分。在全球治理体系不断演进和发展的过程中,全球气候治理一方面受到全球治理格局的制约;另一方面也与经济、安全、贸易等全球治理体系和航空、航海、极地等国际合作的具体领域相互影响与联系。《巴黎协定》中包含的2℃温升目标为全球中长期低碳转型确定了方向,196个缔约方的共识凝聚了最广泛的对未来发展路径的认可。气候目标日益渗透于其他领域的全球治理进程,气候治理的思路为其他领域的谈判提供经验借鉴。

一、全球经济治理：G20 引入联合国可持续发展目标、气候 变化目标、绿色金融等议题

20 国集团(G20)是当下最重要的国际经济合作论坛之一,其成员国覆盖全球 60％的土地面积,90％左右的国民生产总值,人口接近世界总人口的 2/3。2008 年 世界金融危机爆发时,G20 临危受命,从财长会议升格为领导人峰会,逐渐成为了 全球治理的重要机制,在维持全球金融、经济稳定,促进世界主要经济体互利合作 方面发挥了重要作用。G20 机制象征着全球治理机制第一次发生了真正意义上的 改变,是现阶段唯一的发达国家与新兴国家正式平等对话的平台。

近年来,G20 集团在推动全球治理体系完善的同时,越来越重视全球气候治理 问题,包括引入联合国可持续发展目标、气候变化目标、绿色金融等议题。2009 年 美国匹兹堡峰会,"能源安全与气候变化"首次出现在峰会中,各国承诺将逐步淘汰 中长期化石能源补贴,增加清洁和可持续能源供应并且提高能效;2010 年韩国首 尔峰会,贸易、气候变化和绿色增长进入议程;2015 年土耳其峰会,包容性增长列 为主题之一,并举办首届能源部长会议,探讨能源获取,投资能效与可再生能源等 议题;2016 年中国杭州峰会,主题设置为"构建创新、活力、联动、包容的世界经 济",将气候变化作为影响世界经济的重大全球性挑战纳入议程;2017 年德国峰 会,G19 重申落实《巴黎协定》共识。

中国在 2016 年的主场上对 G20 峰会的议程设置和内容做了极大的改革和创 新。考虑到《巴黎协定》于 2015 年年底通过,等待各缔约方批准生效的背景,中国 联合美国在峰会前共同向联合国秘书长潘基文递交《巴黎协定》的批准文书,带动 其他 G20 集团成员及世界各国做出更为实质性的行动与承诺。峰会将 2015 年确 定的 2030 年全球可持续发展议程作为全球经济议程的主题,将增长方式创新作为 实现全球经济繁荣更为根本的解决方案或"药方",首次把结构性改革作为解决世 界经济难题的主方向,谋划出全球经济治理的新路径。峰会重申《巴黎协定》的气 候承诺,从本质上认定气候变化问题作为发展问题的属性,将气候变化问题纳入更 广泛的长期发展议题的讨论当中。峰会达成的《二十国集团创新增长蓝图》《二十 国集团落实 2030 年可持续发展议程行动计划》等系列文件将可持续发展的宏观目 标具体化,《二十国集团领导人杭州峰会公报》首次纳入绿色金融内容以推进全球 绿色低碳转型。

尽管美国宣布退出《巴黎协定》,2017 年德国的 G20 峰会同样将气候变化作为重要议题之一。除美国外的 19 个 G20 成员国的领导人共同声明《巴黎协定》"不可逆转",表示将"按照共同但有别的责任原则尽快落实《巴黎协定》",并重申发达国家兑现 UNFCCC 框架下向发展中国家开展减缓和适应行动提供融资等支持的承诺的重要性。虽然美国表明将立即停止履行其国家自主贡献方案,但承诺将支持经济增长、改善能源安全需求,采取措施降低温室气体排放量,继续努力与其他国家密切合作。所有 G20 成员国都明确支持全球能源转型以 2030 可持续发展议程为框架,大幅度提高可再生能源占全球能源结构的比例,促进实现可普遍获得、可负担、可靠且可持续的能源目标。美国退出后全球坚持气候行动的势头得以巩固,G20 持续发挥经济转型的引领作用。

二、全球贸易治理：《环境产品协定》谈判、区域及双边贸易规则

全球贸易和气候变化之间相互联系、相互影响。一方面,气候变化影响到农业、林业、渔业等全球经济的大多数部门,改变不同国家(特别是发展中国家)在这些部门的比较优势,从而改变国际贸易模式。贸易基础设施和交通线路也从不同程度受到与气候变化相关的极端天气的影响。另一方面,贸易开放可促进气候友好型产品、服务和技术的传播和发展,与贸易相关的排放标准、税收、交易等政策手段,在合理利用的前提下,可以以较低成本实现减排目标,推进贸易双方的互惠共赢。

近年来,随着可持续发展与环境保护的呼声日益加强,全球大力推进环境产品贸易自由化,旨在推动各国降低环境产品(尤其是对气候变化而言非常重要的产品)的关税壁垒和取消非关税壁垒。2014 年 7 月 8 日,欧盟、美国、中国等 14 个 WTO 成员启动了《环境产品协定》的诸边贸易谈判。2015 年因《巴黎协定》的签署,该谈判实现了重要进展,《环境产品协定》签署国逐步增加,目前主要经济体,如欧盟、美国、中国、日本等均参与谈判之中。由于环境产品界定的分歧和 WTO 庞大成员国的谈判难度,目前谈判进展较为艰难,2016 年 12 月中国商务部发表声明称,由于环境产品协定(EGA)涵盖的"产品清单"问题各方未达成共识,《巴黎协定》生效后首项环境产品贸易协定搁浅。考虑到 WTO 清单强制性的约束力,《环境产品协定》的共识一旦达成,将成为 WTO 对全球环境与气候治理和联合国 2030 年

可持续议程的核心贡献,有望通过降低清洁能源技术等产品的使用成本,使欠发达地区实现经济发展与环境保护的双赢。

除 WTO 的贸易谈判主渠道外,区域和双边的贸易也将气候与环境作为重要的考虑议题。从 20 世纪 90 年代初开始,欧盟的贸易协定即开始纳入环境保护的相关条款,将其作为欧盟普惠制中的"特殊激励安排"。2011 年 11 月亚太经合组织(APEC)通过环境有益商品协议谈判,决定到 2015 年底将包括风能、太阳能、热泵等气候变化相关的环境有益商品的关税降低到 5% 或者更低,并于 2012 年制定了 54 个环境有益商品关税降低目标名单,以促进环境有益商品的自由贸易。2017 年 7 月结束的"欧日经济伙伴关系协定"讨论,首次包含对《巴黎协定》的具体承诺,在贸易和可持续发展一章专门探讨气候行动的问题。2018 年 4 月达成的欧盟和墨西哥"原则性协议"也在执行了 18 年的《欧盟—墨西哥全面协定》(1997 年签署,2000 年生效)中增加了《巴黎协定》的有关内容,加强气候及其他环境政策领域的合作。区域与双边贸易具有内容具体、执行力强、互惠合作、惩罚机制健全等优点,是对多边主义原则性成果的有益补充。

三、全球安全治理：多主体多层次的气候安全治理体系

非传统安全是指由军事、政治和外交冲突带来的传统安全威胁之外的、对主权国家和全球社会整体生存和发展构成威胁的各种因素。气候变化问题因其影响的广度和深度,被国际社会和主要国家视为典型而又重要的一种非传统安全问题。早在 2003 年,美国五角大楼报告《气候突变的情景及其对美国国家安全的意义》就描述了温度升高一旦超过某一阈值之后的气候突变情景,包括食物短缺、关键区域淡水的供给数量和质量下降、洪水和干旱事件更为频繁以及由于大范围的风暴袭击对能源供应带来的威胁等诸多影响,并探讨了这些影响如何对地缘政治环境的平衡构成潜在威胁,以及由于资源紧张而导致的冲突、战斗甚至战争。报告因此提出,"由于这些可怕的潜在后果,气候突变的风险尽管不确定性很大,而且发生的可能性很小,但是完全应该将对其的关注提高到美国国家安全的高度,不应只停留在科学争论上"。

由于特殊的地理环境,中国是最易受气候变化不利影响的国家之一。《第三次气候变化国家评估报告》认为,中国平均气温的升温速度高于全球平均水平,到 21 世纪末,气温最高或将上升 5℃,极端天气将频繁出现,灾难损失也将随之增加。

中国工程院发布的《气候变化对我国重大工程的影响与对策研究》进一步梳理了气候变化对水工程和水安全、道路工程、能源工程和安全、沿海工程安全、生态环境与安全、电网安全六个方面的影响与威胁。2011年《中国的和平发展》白皮书中指出，"传统安全威胁和非传统安全威胁相互交织，安全内涵扩展到更多领域"，"人类共同安全问题日益突出，恐怖主义、大规模杀伤性武器扩散、金融危机、严重自然灾害、气候变化、能源资源安全、粮食安全、公共卫生安全等攸关人类生存和经济社会可持续发展的全球性问题日益增多"。可见，将气候变化置于新全球安全治理的决策视野，既是中国的内部需要，也是国际社会的迫切要求。

2007年和2011年，联合国安理会两次就气候变化与安全问题进行辩论，标志着气候变化问题被纳入全球安全问题议程。2008年3月，欧盟委员会发布《气候变化与国际安全》报告，提出气候变化是国际安全威胁的倍增器，因为它潜在地加剧了许多我们今天已经面对的挑战，并在未来可能带来新的威胁。2014年，联合国政府间气候变化专门委员会第五次评估报告首次评估气候变化对安全的影响，气候变化影响国家安全已具有较坚实的科学基础。同年11月，中美两国签署《气候变化联合声明》，声明中首次确认全球气候变化是人类面临的最大威胁，应对气候变化同时也将增强国家安全和国际安全。[1] 随着全球 CO_2 平均浓度突破410ppm，极端气候现象日益频繁，气候变化被纳入安全治理的进程在21世纪迅速推进。当前尚不存在一个应对气候变化等非传统安全的国际集体安全机制。为此，建议加强国际协调与合作，系统性评估气候变化对全球安全的影响，开展国际安全对话并建立全球观测与预警系统。充分发挥联合国安理会的作用，建立以联合国作为主渠道，与其他渠道形成互补的多主体、多层次全球气候安全治理体系，将气候变化问题作为全球在更广泛的安全领域加强合作的催化剂。

四、航空与海运业治理：行业减排市场机制与气候战略目标

国际航空、海运业排放议题是《联合国气候变化框架公约》下最早启动应对气候变化谈判的行业议题之一，但由于各方对航空海运减排谈判的主渠道、减排的使用原则等基础问题始终分歧严重，公约下的谈判长期处于胶着状态，国际民航组织（ICAO）和国际海事组织（IMO）成为行业减排谈判的实际主战场。《巴黎协定》未

---

[1]　刘长松. 气候变化与国家安全[J]. 中国发展观察，2017(11)：20-22.

纳入两行业减排的具体目标,却指明了全球长期温升和低碳发展的方向。巴黎会议后,国际航空与海运业积极寻找符合其特征的解决方案和路径,均在减排方面取得了突破性进展。

2016年10月,国际民航组织第39届大会通过了《国际民航组织关于环境保护的持续政策和做法的综合声明——气候变化》和《国际民航组织关于环境保护的持续政策和做法的综合声明——全球市场措施机制》两份重要文件,宣布将建立全球市场措施(GMBM),以抵消国际航空部门的 CO_2 排放量。根据文件,行业减排市场机制将于2021年启动,2023年之前为试行阶段,2024—2026年为第一阶段,各国可自愿参加这两个初期阶段。其后,2027—2035年为下一阶段,除部分最不发达国家(LDCs)、小岛屿发展中国家(SIDS)、内陆发展中国家(LLDCs)和国际航空活动很少的国家以外的所有国家都要强制参加。截至2016年年底,已有超过80%国际航空排放量的65个国家宣布从2021年的最初阶段就加入GMBM,美国、中国以及众多欧洲国家率先释放了积极的合作信号。航空是排放增长潜力巨大的行业之一,预计在2050年占据1.5℃碳预算的12%～27%,因而,航空领域的减排共识和不断提高的行动力度对于21世纪下半叶实现碳中和非常重要。

海运业被认为是环境友好型、能源效率最高的运输行业,也是全球唯一一个面向所有国家、针对全行业采取具有法律约束力的减排规则的行业。2016年4月召开的国际海事组织海洋环境保护委员会(IMO MEPC)第69届会议提出的《巴黎协定》后海运业应提交"IMO自主贡献",引发了关于如何推动海运业应对气候变化的大讨论。但是,由于各大利益集团争相博弈,试图抢占下一轮海运业低碳发展主导权,IMO谈判面临重重阻碍。2018年4月,MEPC第72届会议上终于通过了首个妥协性初步战略,承诺使2050年海运排放量相比2008年水平下降至少50%,并在2023年提出最终战略,根据《巴黎协定》要求实现完全的低碳化。该战略还设定了一个目标,即到2030年,国际航运的碳排放强度平均至少降低40%,到2050年努力达到70%,并计划审查和加强IMO的能效设计规则。目前航运排放占全球排放的2%左右,该数字有望在2050年达到1/5。海运业在2023年制订出的符合行业特征的减排方案,在促进其自身中长期低碳转型的同时,将作为其他领域采取应对气候变化行动的借鉴与参考。

五、全球极地治理：大国参与的包容性治理

气候变化已经对极地产生了明显影响。南极半岛东部沿海巨大的拉森冰架中

的两块——拉森 A 冰架和拉森 B 冰架已经分别于 1995 年和 2002 年崩塌,而最后一块拉森 C 冰架如今也出现了一条 175 千米长的可怕裂隙。北冰洋夏季的海冰面积在过去 40 年萎缩了一半,目前全年的海冰体量仅为 20 世纪 80 年代早期的 1/4,2016 年夏季格陵兰冰盖的总量达到了自 2002 年有卫星观测纪录以来的历史最低值。极地的剧烈变化证明了"人类世"环境危机的严重性和全球性,反过来,极地融冰的加速将导致海平面上升,未来给全球各沿海国家及城市带来巨大威胁。

在北极海冰快速消融的大背景下,以海上航道的归属、自然资源的开发与利用、原住民社群的经济社会发展,以及区域生态与环境保护等议题为代表的各种北极治理问题正日益引起国际社会的广泛关注。不同于《南极条约》协商国会议的单一管理机制,北极地区尽管受制于《联合国海洋法公约》《联合国气候变化框架公约》等全球性公约和北极理事会与巴伦支海欧洲——北极理事会等区域性机构,却不存在专门制订的具有法律约束力的管理框架。北极国家出于国家利益和战略的需要,对北极政策的制定和调整采取保留态度;美、加、俄等北极八国主导的北极理事会则体现出较强的排他性,大幅提高非北极国家参与北极治理的政治要价,使得众多非北极国家无法从广度和深度上更为有效地参与北极事务。北极升温对全球气候变化的影响、和极地开发利用的关联,以及同海上通道、北冰洋海底区域等部分"公域"的联系,使得打破特定国家的垄断局面、建立域外大国参与的包容性治理结构成为客观的现实需求。

2018 年 1 月 26 日,中国发布了《中国的北极政策》白皮书,向国际社会首次宣布了中国对北极治理的认识及在北极事物中的国家定位。白皮书称,中国是北极治理的"重要利益攸关方",将在尊重、合作、共赢和可持续四大原则下,认识北极、保护北极、利用北极和参与治理北极。作为新兴的发展中大国和"人类命运共同体"理念的倡导者,中国将北极治理放置在全球而非区域的视角上,充分认识到北极在全球应对气候变化中的关键地位,多次提及"国际社会的整体利益",并在具体的政策主张中强调了应对气候变化的国际合作、在北极开发可再生能源,以及积极参与其他与北极相关的全球环境治理进程。中国开放、积极的参与姿态,一方面对媒体炒作的"中国北极威胁论"起到增信释疑作用,更重要的是奠定了互利互惠、可持续发展的合作基调,推动北极国际治理机制朝着公平、合理的方向发展,使国际社会更有力地回应所面临的北极地区的严峻挑战。

六、"一带一路"绿色发展：合作互惠，构建创新发展路径

2013 年，中国提出共建"丝绸之路经济带"和"21 世纪海上丝绸之路"的倡议，得到全球普遍关注和沿线国家及地区的迅速响应。共建"一带一路"，是中国新一届政府根据全球政治经济新格局和中国发展的时代特征，提出的促进世界开放型经济体系建设的战略构想，也是中国新时代全面对外开放的总体方略。"一带一路"的需求增长强劲，2006—2015 年沿线各国（不含中国）GDP 增长了 35.3％，电力需求总量增幅达到 30％，且预计在 2020 年发电量相比 2015 年继续增长 78％。但同时，"一带一路"沿线国家大多属于气候问题的敏感区域，既包含主要的化石能源生产国和消费国，也包含多数中低等收入国家和生态环境脆弱地区。使"一带一路"国家跨越传统的"先污染，后治理"发展路径，最大限度地减少"一带一路"建设的生态环境影响，探索绿色、低碳、可持续的发展模式，将是"一带一路"顶层设计中的重要内容。

作为最大的发展中国家，中国近年来克服所面临的诸多发展瓶颈，通过调整经济和产业结构、优化能源结构、加强能源节约、提高能效、开展低碳试点示范、建立碳排放权交易市场等多种途径，正在开辟一条创新型发展路径，在应对气候变化方面取得了举世瞩目的成绩。中国的经验可以为后发的发展中国家提供可资借鉴的示范。众多"一带一路"沿线国家在其《国家自主贡献》文件中提出了有条件的减排目标，包括资金、技术、能力建设三方面的需求，中国作为发展中国家虽无援助义务，却可将绿色低碳的发展理念贯彻于"一带一路"等外交倡议中，通过互惠合作推进各国的绿色发展转型。将应对气候变化作为沿线国家国际合作的重要内容，有助于将"人类命运共同体"的理念贯彻到实处，成为全球气候治理体系的有益补充。

第三节 小 结

当前，人类面临资源相对短缺、环境不断恶化、经济增长后劲不足、外延式发展模式难以为继等种种挑战，全球经济向绿色转型是必然趋势。《巴黎协定》作为全

球气候治理里程碑式的重要成果,实现了196个国家对低碳发展的共识,为其他领域的全球治理绘制了中长期发展的蓝图。经济、贸易、安全等治理体系已日益考虑到气候和环境议题的重要性,纳入了包含《巴黎协定》和联合国可持续发展目标在内的成果,将2℃/1.5℃温升目标和新能源与可再生能源支撑的近零排放能源体系作为投资与政策制定的方向。中国以"创新、和谐、开放、绿色、共享"作为"十三五"期间指导经济社会转型发展的五大理念,并把建立生态文明作为经济社会转变发展方式的方向和目标,在全球气候治理体系中发挥着参与者、贡献者和引领者的作用。在气候谈判中积累的坚持共区原则、拓展大国外交、统筹国内国际行动、运用谈判艺术等经验,可对中国参与其他领域全球治理提供参考,协助各国共建人类命运共同体,形成更加公正合理的国际新秩序。

主要参考文献

1. 朱松丽,高翔. 从哥本哈根到巴黎——国际气候制度的变迁和发展[M]. 北京：清华大学出版社,2017.

2. The Intergovernmental Panel on Climate Change. Special Report on Climate Change, Desertification, Land Degradation, Sustainable Land Management, Food Security, and Greenhouse gas fluxes in Terrestrial Ecosystems[R/OL]. (2019)[2020-01-20]. https://www.ipcc.ch/srccl-report-download-page/.

3. The Intergovernmental Panel on Climate Change. Special report on Global Warming of 1.5℃ [R/OL]. (2018)[2019-10-22]. https://www.ipcc.ch/sr15/download/.

4. The Intergovernmental Panel on Climate Change. Special report on the ocean and cryosphere in a changing climate[R/OL]. (2019)[2019-12-31]. https://www.ipcc.ch/srocc/.

5. RODRIK D. The Globalization paradox: democracy and the future of the world economy[M]. New York and London: W.W. Norton, 2011.

6. 谢伏瞻,刘雅鸣. 气候变化绿皮书(2019)：防范气候风险[M]. 北京：社会科学文献出版社, 2019.

7. 韩文科,张有生. 能源安全战略[M]. 北京：学习出版社,2014.

8. 国家可再生能源中心,国家发展和改革委员会能源研究所可再生能源发展中心. 2018 国际可再生能源发展报告[M]. 北京：中国环境出版社,2018.

9. 周大地,等. 迈向绿色低碳未来：中国能源战略的选择和实践[M]. 北京：外文出版社,2019.

10. 田成川,等. 道生太极：中美气候变化战略比较[M]. 北京：人民出版社,2017.

致　　谢

又经过三年的跟踪和研究,笔者的研究成果终于以书籍的形式正式出版了,定名为《从巴黎到卡托维兹:全球气候治理的统一和分裂》。不论题目还是内容,这本书都是上一本书籍《从哥本哈根到巴黎:国际气候制度的变迁和发展》的续作。欣慰之余依然要特别表达感激之情。

首先,要对科学技术部社会发展司(以下简称"社发司")的支持表示感谢。2015年《巴黎协定》达成之后,社发司随即组织了管理和专家团队,没有任何时间差地启动了科技部改革发展专项"巴黎会议后应对气候变化急迫重大问题研究",国家发展和改革委员会能源研究所和中国人民大学共同承担了其中的课题——"巴黎会议后全球气候治理的走向研究"。本书即为该课题的主要研究成果。非常荣幸能够继续加入队伍,从而对全球气候治理问题进行持续深入研究。还要感谢国家发展改革委和生态环境部,作为气候谈判的牵头单位,给笔者提供了参加缔约方大会的机会,让笔者能够从非常难得的角度近距离观察谈判,继续积累感性和理性认识。

其次,要对杜祥琬院士、刘燕华参事、何建坤教授、周大地研究员等气候变化专家委员会的专家表示感谢和敬意。他们在巴黎会议之后,敏锐地觉察到《巴黎协定》中隐含的重大问题,建议科技部启动了项目。在课题研究进行过程中,他们给予了持续指导。特别感谢刘燕华参事为本书撰写了宝贵的序言。刘部长在应对气候变化战略上的真知灼见,不仅是学术界和政策决策的财富,也为我们的作品增添了智慧之光。

最后,要感谢项目组其他成员。本书的执笔工作虽然由朱松丽同志完成,中国人民大学的王克副研究员和夏侯沁蕊同学也付出了很多心血,在此表示最真挚的感谢!同时,在与项目组其他成员(例如王灿教授、滕飞副教授、张希良教授、刘滨副教授、巢清尘研究员、高翔研究员、柴麒敏副研究员、张海滨教授、王文涛研究员等)的探讨和交流中获益良多。此外,也要对利用暑期时间到能源研究所实习的清华大学环境学院国际班的同学表示感谢,他们(王元辰、张佳萱、周嘉欣)为本书的完成提供了丰富的素材。

不能不说,在整个研究过程中,纠结依然甚多。谈判研究不同于其他科学研究,科学性和政治性并存,立场选择对研究结果有很大的影响。毫无疑问,我们应该站在中国的立场上对气候谈判进行分析判断,这也是笔者一直秉承的原则;但同时,作为学者,努力保持客观中立也是必须的。因此,在研究和写作过程中,笔者不得不在这两个原则中艰难地寻找平衡。现在回过头来看,研究成果更多地保持了客观中立的姿态。笔者始终认为这种观察和评价角度对研究是有利的,最终的结论和建议也将是最有价值的。

作为一本续作,是否能超越前作,需要读者评判。虽然倾注了很多心血,作者深知本书中还有许多问题并没有完全解答;而受制于学科背景和笔者的水平,疏漏不当之处难以避免。恳请读者不吝赐教。笔者十分乐意与学者们就气候变化全球治理和政策问题继续开展讨论。